趣味科学丛书

QUWEI WULI SHIYAN
趣味物理实验

［俄］别莱利曼⊙著

余　杰⊙编译

天津出版传媒集团

天津人民出版社

图书在版编目（CIP）数据

趣味物理实验 /（俄罗斯）别莱利曼著；余杰编译
. -- 天津：天津人民出版社，2017.8（2018.8 重印）
（趣味科学丛书）
ISBN 978-7-201-12054-6

Ⅰ.①趣… Ⅱ.①别… ②余… Ⅲ.①物理学—实验
—普及读物 Ⅳ.① O4-33

中国版本图书馆 CIP 数据核字 (2017) 第 156290 号

趣味物理实验
QUWEI WULI SHIYAN

出　　版	天津人民出版社
出 版 人	黄　沛
地　　址	天津市和平区西康路35号康岳大厦
邮政编码	300051
邮购电话	（022）23332469
网　　址	http://www.tjrmcbs.com
电子邮箱	tjrmcbs@126.com

责任编辑	李　荣
装帧设计	同人小图文化传媒

制版印刷	三河市华晨印务有限公司
经　　销	新华书店
开　　本	787×1092毫米　1/16
印　　张	12
字　　数	174千字
版次印次	2017年8月第1版　2018年8月第2次印刷
定　　价	24.00元

序　言

雅科夫·伊西达洛维奇·别莱利曼

　　雅科夫·伊西达洛维奇·别莱利曼（1882—1942），出生于俄国的格罗德省别洛斯托克市。他出生的第二年父亲就去世了，但在小学当教师的母亲给了他良好的教育。别莱利曼17岁就开始在报刊上发表作品，1909年大学毕业后，便全身心地从事教学与科普作品的创作。

　　1913年，别莱利曼完成了《趣味物理学》的写作，这为他后来完成一系列趣味科学读物奠定了基础。1919—1929年，别莱利曼创办了苏联第一份科普杂志《在大自然的实验室里》，并亲自担任主编。在这里，与他合作的有多位世界著名科学家，如被誉为"现代宇航学奠基人"的齐奥尔科夫斯基、"地质化学创始人"之一的费斯曼，还有知名学者皮奥特洛夫斯基、雷宁等人。

　　1925—1932年，别莱利曼担任时代出版社理事，组织出版了大量趣味科普图书。1935年，他创办和主持了列宁格勒（现为俄罗斯的圣彼得堡）趣味科学之家博物馆，广泛开展各项青少年科学活动。在第二次世界大战反法西斯战争时期，别莱利曼还为苏联军人举办了各种军事科普讲座，这成为他几十年科普生涯的最后奉献。

别莱利曼一生出版的作品有100多部，读者众多，广受欢迎。自从他出版第一本《趣味物理学》以后，这位趣味科学大师的名字和作品就开始广为流传。他的《趣味物理学》《趣味几何学》《趣味代数学》《趣味力学》《趣味天文学》等均堪称世界经典科普名著。他的作品被公认为生动有趣、广受欢迎、适合青少年阅读的科普读物。据统计，1918—1973年间，这些作品仅在苏联就出版了449次，总印数高达1 300万册，还被翻译成数十种语言，在世界各地出版发行。凡是读过别莱利曼趣味科学读物的人，总是为其作品的生动有趣而着迷和倾倒。

别莱利曼创作的科普作品，行文和叙述令读者觉得趣味盎然，但字里行间却立论缜密，那些让孩子们平时在课堂上头疼的问题，到了他的笔下，立刻一改呆板的面目，变得妙趣横生。在他轻松幽默的文笔引导下，读者逐渐领会了深刻的科学奥秘，并激发出丰富的想象力，在实践中把科学知识和生活中所遇到的各种现象结合起来。

别莱利曼娴熟地掌握了文学语言和科学语言，通过他的妙笔，那些难解的问题或原理变得简洁生动而又十分准确，娓娓道来之际，读者会忘了自己是在读书，而更像是在聆听奇异有趣的故事。别莱利曼作为一位卓越的科普作家，总是能通过有趣的叙述，启迪读者在科学的道路上进行严肃的思考和探索。

苏联著名科学家、火箭技术先驱之一格鲁什柯对别莱利曼有着十分中肯的评论，他说，别莱利曼是"数学的歌手、物理学的乐师、天文学的诗人、宇航学的司仪"。

目　　录

第一章　有趣的游戏

第二章　聪明的物理学家

第三章　报纸的故事

第四章　74 个有趣的物理实验

第五章　你看到的不一定是真的

第一章

有趣的游戏

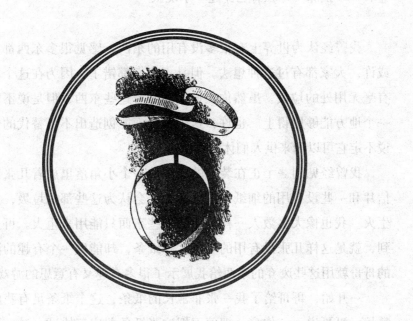

1. 剪刀和纸的故事

将纸一次性剪成三块——立放纸条——魔力环——剪出的效果出乎意料——纸环——让自己穿过一小块纸

我曾经认为世界上有很多没有用的东西，感觉很多东西都是垃圾。或许，大家都有过这种想法。但是，我们都错了，因为在这个世界上没有毫无用处的垃圾。虽然你在这里用不着这些东西，但是说不定在另外一个地方能够用得上。也许，这个东西不能创造出不可替代的价值，但说不定它可以用来供人们休闲娱乐。

我曾经见到一个正在装修的屋子的一个小角落里放着几张用过的明信片和一些没有用的细纸条。大多数人会认为这些都是垃圾，只能用来生火。我也像大多数人一样，认为这些东西只能用来生火。可是谁能想到，就是这样几张没有用的明信片和纸条，却能做一个有趣的游戏。我的哥哥就用这些废弃的东西给我展示了很多有趣又有意思的游戏。

一开始，哥哥给了我一张非常长的纸条，这个纸条足有我的三个手掌长。哥哥说："你拿一把剪刀把这张纸条剪成三块试一试。"我正准备用剪刀去剪，可是哥哥让我先别剪，听他把话说完再动手。"你接着听，把这张纸剪成三块的规则是一剪刀把这张纸条剪成三块。"

听到这里，我觉得这太难了。我剪来剪去，感觉所有方法都被我用完了。我觉得就是哥哥故意给我出难题。最后我认为，一剪刀把一张纸条剪成三块是不可能的。我很严肃地对哥哥说："哥哥，不可能有方法把纸剪成三块的。"

"你再认真想想，或许，你可以想到一个很好的办法。"

"哥哥，还是你想吧，我真的不行！"

哥哥把纸条和剪刀拿过来，然后把纸条对折，从对折的纸条中间剪开。一个完整的纸条被剪成了三块（图1）。

"你看到我是怎么剪纸条的吗？"

"看到了，可是你把一个纸条对折了啊（图2）"！

"那你怎么没想到把纸条对折呢？"

"我还以为纸条是不能折的呢。"

"纸条折过后还是一张纸条。你还是承认你没有想到怎么剪吧。"

"哥哥你再给我出一个。这回保证不会让你难倒了。"

"这回我还是给你一张纸条。你需要做的就是把纸条立在桌子上。"

"是立在桌子上，不能让它倒吗？"我好奇地问道，我感觉到哥哥说得很模糊。

图1

"当然是让纸条立着不能倒了。如果倒了，那还是立着吗？那是平放。"

"是啊。"

"再来一个！"

"没问题。你瞧，我用胶水把每张纸的首尾粘在一起，粘完后，这些纸就形成一个个的纸环。你分别用一支蓝色的笔沿着这个纸环的外面画一条蓝线，然后用一支红色的笔在里面画一条红线。"

图2

"都画完了该怎么做？"

"画完了就没事了。"

这在我看来没有什么大不了的，我压根就没看在眼里！可是当我真正自己动手实践的时候才发现我在这个过程中遇到了很多障碍，整个过程一点也不顺利。环外面的蓝线已经画好了，当我正兴奋地准备去画里面的红线时，我才意识到，纸环的两面都被我画成了蓝色，这让我感到很生气。

"哥哥，你再给我一个两面都没画的纸环吧！我刚才太大意不小心画错了。"我很不好意思地对哥哥说。但是我用第二个纸环又画一遍的时候，我又画错了。我感觉我都没有画另一面，但是纸环的两边又被我画完了。

我百思不得其解，怎么可能这样呢？我不相信我画不好。"哥哥你再给一个吧！"

图3

"随便拿，想拿多少就拿多少。"

这次我拿到的纸环的两面很快又都是蓝色的了。要是你，你会怎么做呢？根本就没有空面来画红色了，两面都被蓝色包围了。我感到很难过，心情瞬间跌落谷底。（图3）

"像这种简单的事情我一下就能完成，你信吗？"哥哥得意地说道。

他拿起纸环，飞速地在整个外面画上蓝线，又在纸环里面画上红线。

看到哥哥如此快速地完成，我也不肯认输。我又拿了一个新的纸环，我非常小心仔细地沿着纸环的一面画着线条，特别小心地不让线条越过另外一面，然后我又把线条合上了。可是即便我谨慎地画着，结果仍然不成功，纸环的两边又被我画上了。我特别生气，差点因为这个哭了起来，但是哥哥却在一边偷偷笑，我就知道哥哥肯定又在纸条上做了什么。

"哥哥，你在纸环上又做了什么？你是在变魔术吗？"我很生气地问哥哥。

"这些纸环已经被施了魔法。"哥哥说。

"这纸环难道还变特殊了吗，我怎么看不出来？这不就是简单的纸环吗？一定是你在搞怪，还说什么施了魔法，我不信。"

哥哥又用这些纸环做些别的东西。例如，他让我把一个纸环剪成两个细的纸环。

"不就是一变二吗？这有什么难度啊！"

我试着将纸环剪完，把剪好的纸环拿给哥哥看了一下。此时，我才看到，我手里原本的两个细环成了一个长的纸环。

"哈哈，你不是剪了两个纸环吗？在哪儿呢？我怎么看不到啊？"哥哥用疑问的口气问我。

我不服输，非要再试一次。

"你就用你刚剪出的那个环再试一回吧。"

我将纸环剪开。事实上，我真的剪出了两个纸环。我非常想分开这两个纸环，但是却怎么也分不开它们，分不开两个纸环的原因就是这两个纸环是连在一起的。我感到非常不可思议，也许，哥哥是对的，这个纸环就是被施了魔法！

"我可以为你解释这其中的关键所在。"哥哥很认真地说。

"任何人都可以做出这样一个充满魔力的纸环。这其中有一点很关键，那就是把纸条两端粘在一起前要把两端中的一端翻过来。所有的你感觉被施了魔法的原因就在于此。"

"你仔细思考一下！我也是一个普通人，并没有什么魔法，所以也一样是在这个纸环上画线。如果你想玩更有意思的游戏，你可以把纸条两端粘连起来，如果将一端的纸条翻转两次，会更加有意思的。"

图4

　　哥哥根据他刚才说的方法做了个纸环给我。"这次你沿着纸环剪剪看。你会得到什么效果呢？"他说。

　　我刚刚剪完，就发现纸环成了两个环，两个纸环相互套着。太好玩了！这两个纸环根本就分不开（图4）。

　　我用同样的方法，也剪了三对同样无法解开的环。"你怎样把剪好的四对环连成一个两端不相连的链呢？"哥哥问我。

　　"哦，这很容易啊！在每对里剪出一个环来，穿过去，接着再把它粘起来不就行了？"

　　"那你的意思是说，你用剪刀把三个环剪开吗？"哥哥对我想出的办法并不满意。

　　"三个，你确定用三个吗？"

　　"我很确定啊。"我答道。

　　"比三个少就不行吗？"哥哥问道。

　　"我们有四对环。你怎么把这四对环连起来，要求是只拆开两个？这怎么可能呢，一定不能实现的啊！"我非常肯定地给了哥哥一个答复。

　　哥哥没说话，只见他用剪刀剪开一对里的两个环，然后用它们把剩下的三对环连起来，这样就形成了八个环串起来的纸环链。这么简单！

　　"我这次可没有用花招。"这让我感到不可思议，我怎么就没有想到呢？这个方法真的好简单啊。

"我们别玩纸条了，都要玩腻了，现在来玩点别的东西吧！"

"把那些旧的明信片拿来。"

"我们用这些没用的明信片来干些什么呢？"

"你可以这样做，例如，你在明信片上面剪一个你认为最大的孔。"

我用剪刀在废弃的明信片上剪出了个四边形的孔，孔的周围只有窄窄的边。

"这已经是最大的孔了，不会再有比这个还大的了。"我感到很骄傲，并把我剪的特大的孔给哥哥看。

哥哥却不赞同。

"这个孔太小，只能把手伸过去。"

"那你想怎么样啊，要把头伸进去吗？"我很生气地说。

"不仅是头，还有身子。我可以剪一个整个人都能穿过去的孔出来。"

"哈哈！那你不是要剪个比这张明信片还大的孔？"

"是的，我要剪一个比这张明信片大出几倍的孔。"

"无论你用什么办法也达不到啊。这是不可能的事情。"

"我说可能就可能。"哥哥说完就开始动手了。

我虽然不相信哥哥可以剪得出来，但我还是想知道他要怎么剪。他把卡片对折了，然后用铅笔在对折卡片长的一边的边沿处画了一条线，在另外的两边边沿处各剪了一个小口。

接着他从A点到B点剪出一个均匀的边，然后一个接一个地剪出小口，如图5。

"我剪好了。"哥哥很骄傲地说。

"什么啊，根本就没有什么孔。"

"好，那你仔细看着啊！"

哥哥很仔细地把小纸块拉开。你能想象吗？一块块的纸块被拉成长长的链条，哥哥完全可以很轻松地把头穿过去。长链从空中落到地下，刚好落到我的脚下，我整个人都被这个长链套在里面了。

图5

"你可以从这个孔穿过去吧，"哥哥很自豪地说，"你还有什么要质疑的？"

"我们两个人一块都可以进得去啊！"我感叹道。

当我们玩完这两个游戏，哥哥教我玩的游戏就此结束了，虽然我恋恋不舍，但是这次不得不放过哥哥。哥哥也答应了我，下次教我玩新的游戏，和硬币有关。

2. 有趣的硬币游戏

可见和不可见的硬币——没有底的杯子——硬币都去哪里了？——任务：放硬币——硬币在谁的手里？——小游戏：摆硬币——一个关于古印度的传说——求解难题。

"哥哥，你昨天答应为我表演硬币魔术的。"早晨我吃早饭的时候，提醒哥哥道。

"早晨表演什么硬币魔术？既然答应了你，那好吧，就给你表演一个。你去厨房拿一个空碗过来。"

哥哥把一枚硬币放在了空碗的底部，放完硬币对我说："你仔细看着碗的底部，眼睛不要看别的地方。你能看见硬币在哪儿吗？"

"当然看得见。"我很不屑地说道。

这时，他把碗从我的眼前挪远了一些，问我："在这个位置你还能看见它吗？"

"我能看见硬币的边缘。其余的部分都被挡住了，我看不到。"

紧接着，他把碗又挪远了一些，这次的距离很远，硬币被完全遮挡了起来。

"你待在那里别动。我在碗里倒点水。现在你可以看到硬币吗？"

"我现在可以看见整枚硬币了，为什么我看到硬币和碗底似乎都浮了起来？"

这时，哥哥用铅笔在纸上画了一个碗，这是一个内装硬币的碗。当哥哥画完后我恍然大悟。把一枚硬币放到空碗的底部，硬币处的光线并不会传到眼睛里，因为光是沿着直线传播的，不透明的碗壁的位置刚好位于眼睛和硬币之间。当哥哥将水倒入碗里后，硬币处的环境就出现了变化：光线从水到空气的过程中发生了偏折现象（物理学家称这种现象为"折射"），硬币的图像会越过碗沿，来到眼睛里。我们看到的东西都是眼前的东西，所以我们会理所应当地认为硬币换了位置，它应该在略高一点的折射光线的延伸点，所以我们会感到碗底和硬币好像浮起来了（图6）。

"我希望你可以理解并且记住这个实验。"哥哥认真地说道。

"当你游泳的时候，你会用到

图6

这个原理的。"哥哥接着说，"当你在能看得见底的水里游泳时，你要记得今天的实验。事实上，你看到的水底的深度要比真正水底的底部高一些，它的高也是非常规律的：高出整体深度的$\frac{1}{4}$。让我向你展示一些数字吧，如果水的真实深度是1米，而你看到的水的深度则只有75厘米。也正是因为这个原因，许多游泳的小朋友在游泳的时候频发意外。因为他们从看到的假象对水的深度做出了错误判断，从而导致了悲剧的发生。"

在生活中我们可以发现，当一艘小船在能看见底的水面上划动的时候，总觉得船底才是水的最深处，而船周边的水都很浅。当船移动到另一个位置时，感觉船周边的水更浅了，而位于船所在位置的水又更深了。你认为深水位仿佛随着船一起移动。这又是什么原因导致的呢？

当你看到这种现象的时候，你应该不会感到很犯难了。这其中的原因就是，从船下水里折射出来的光线几乎是垂直的，它不大可能改变自己原来的方向，所以我们会觉得那里的水底斜射的光线会比从别处进入我们眼睛的光线高一些，这就会让人觉得水好像变深了。按照我们所看到的，我们会认为最深的地方就在船底，事实上，水的深度是一样的。

"接下来我们来做一个不同的实验。"

哥哥在一个玻璃杯里灌满了水，他说：

"我现在往杯子里投入1枚两戈比硬币，你猜猜会发生什么？"

"毫无疑问，水一定会溢出来啊。"

"那我们就来好好看看吧。"

哥哥非常仔细地，尽量不引起抖动，将一枚硬币放入装满水的杯子里。水一点儿都没有溢出来，这让我感到很奇怪。

"放完一个后，我们试着再放入另外1枚硬币。"哥哥说道。

"这样的话，水肯定会溢出来的！"我向哥哥警告道。

我的预言又错了，第二枚硬币被放到杯子里了。随后哥哥将第三枚、第四枚硬币也放入了杯子里。

"这个杯子就像是个无底洞！"我感叹道。

哥哥没有回应，他还在一枚接一枚地放着硬币。第五枚硬币、第六枚硬币、第七枚两戈比硬币被放到了杯子里，它们落到了杯底，杯中的水仍然没有丝毫的反应。我被眼前的一切惊呆了，急切地问哥哥这是怎么做到的。

哥哥并不打算马上跟我解释原因，仍然认真地往杯子里放硬币，直到放完第十五枚时，他才停下来。"就放这些吧。"哥哥说道。

"你看啊，杯沿的水都鼓胀起来了。"

是的，水的高度确实比杯子的高度还高，在杯沿处产生了一圈水，仿佛装在了一个透明的袋子里。

"整个秘密都藏在了这些膨胀的水里。"哥哥说，"这些水就是被硬币挤出来的。"

"15枚硬币才挤了这么点儿水出来？"我感到很不可思议，"15枚硬币放在一起是很多的，而水就那么薄薄一层，它最多也就比1枚两戈比硬币厚一点。"

"你不要光想着计算高度，计算面积也很重要啊。哪怕水层的高度比1枚两戈比硬币还要薄，但是它宽了多少倍呢？"

我恍然大悟。杯口比两戈比硬币宽了差不多4倍啊。

"在厚度一样的情况下，杯口比两戈比硬币宽4倍，那么，水层只比戈分硬币大4倍。按照我的推论，杯子里可以放4枚硬币，可你放了足足15枚，而且我感觉继续放也是没有问题的。这些奇怪地方都是哪儿来的？"

"你的计算方法是错误的。如果一个圆的圆周比另外一个圆的圆周长4倍，那么它的面积就是16倍，而不是4倍了。"

"这是怎么回事？"

"这是基础运算。我问你，1平方米等于多少平方厘米？别跟我说是100。"

"当然不是，是100×100=10 000。"

"这就对了。这个规则同样适用于周长的计算：两倍长就是面积的4倍，3倍长就是面积的9倍，4倍长就是面积的16倍，依此类推。换句话说就是，杯子里面多出来的水的容积是两戈比硬币体积的16倍。你现在知道是怎么回事了吧，为什么放了这么多硬币，杯子里面还有放硬币的地方？因为超出杯沿的水的厚度可以赶上大约两个硬币的厚度。"

"难道说这个杯子里还可以放20枚硬币？"

"如果放硬币的时候足够小心，甚至还可以放得更多一些。"

"要不是亲眼所见，我真的不会相信一个已经装满水的杯子还可以放这么多硬币！"

不过，当你看见杯子里硬币堆得像小山一样，你不信也得信了。

"你可不可以把11枚硬币放进10个小茶碟里，但是，每个茶碟里只允许放1枚硬币？"哥哥问我。

"是装满水的茶碟吗？"

"没有水的茶碟也可以啊。"哥哥边微笑着说边把10个碟子摆成了一排。

"这也是物理实验吗？"

"这算是心理实验。你开始做吧！"

"我不可能把11枚硬币放进10个茶碟里的。我做不到的。"

"你尽管做吧，我可以帮你一起完成。我们拿过第一个碟子，在里面放入第一枚硬币，然后暂时把第十一枚硬币也放进来。"

也就是说，我在第一个小茶碟里放入了两枚硬币，但是我不知道该怎么继续下去了。

"你把那两枚硬币放好了吗？接下来你把第三枚硬币放入第二个茶碟里。第四枚硬币放进第三个茶碟里，就这样以此类推，直到放完所有的硬币。"

我按照哥哥的方法做着，当我把最后一枚硬币放到第9个小茶碟里的时候，突然发现，第10个碟子里一个硬币也没有！

"现在你把第一个小茶碟里的第11枚硬币放到第10个小茶碟里面。"哥哥说完，就直接把第11枚硬币拿出来放到了第10个小茶碟里了。

现在10个茶碟里静静地躺着11枚硬币，而且每个茶碟里都只有1枚硬币。我感到很惊讶！

哥哥很快就收完了所有的硬币，我想追问其中的原因。但是哥哥并不打算解释给我听。

"你应该自己悟出其中的道理。这样比你直接知道现成的答案更有意义，也更有乐趣。"

紧接着，哥哥又给我安排了新的任务。

"这里有6枚硬币，要求是将它们摆成三排，每一排需要3枚硬币。"

"按照你的要求摆，我需要9枚硬币。"

"用9枚还有什么意思呢？你只能用6枚。"

"难道这又是什么不可能完成的任务吗？"

"你不能每次都不思考就放弃吧！来，让你看看这到底有多简单。"

接着他把硬币摆成了如图7的样子：

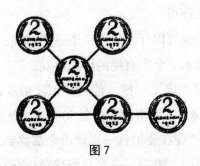

图7

"你看，这不就是答案吗？"他很骄傲地说道。

"但是这是交叉排列啊。"

"要求没有不允许交叉排列啊？"

"要是我一开始就知道可以这样做，我也可以想办法完成啊。"

"完成这个任务的方法有很多，你可以尝试用别的方法啊。有时间你可以尝试一下，还有三个任务要给你做。

"任务一：你需要把9枚硬币摆成8排，每排3枚。

"任务二：你需要把10枚硬币摆成5排，每排4枚。

"任务三：我画好了一幅6×6方格图（图8）。你要把18枚硬币放到图上的方格里，保证每个纵向和横向的方格里都有3枚硬币。我还联想起另外一个硬币魔术。你左手拿着1枚15戈比的硬币，右手拿着1枚10

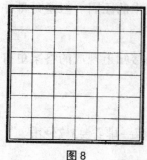

图8

戈比的硬币，不能让我看见，也不要让我知道你的左右手各拿了多少面值的硬币。这个由我来猜。你在心里做如下的运算就好：把你右手里的硬币数目加一倍，左手里的硬币数目加三倍，然后将所得的结果相加。听好了吗？"

"我知道了。"

"你所得的是奇数还是偶数呢？"

"奇数。"

"你的右手里有10戈比硬币，左手里有15戈比硬币。"哥哥很快就回答出来了。

我们又玩了一回。这回得数是偶数，哥哥又再次准确地猜了出来，我左手里面有10戈比硬币。

"当你有空的时候可以仔细思考一下这个游戏。"哥哥说。

"我最后给你展示一个更有趣的硬币游戏。"

哥哥把三个茶碟摆成了一排，他将一摞硬币放在了第一个茶碟里：最底下的硬币是1卢布，1卢布的上面是50戈比，然后是20戈比、15戈比和10戈比（图9）。"现在要把这一摞硬币全都移到第三个碟子里，而且还必须遵守下面的规则：第一，一次只能移动1枚硬币；第二，将面值大的硬币放在面值小的硬币上是不允许的；第三，可以在中间的茶碟里放硬币，不过只能是暂时的，请记住，玩完游戏的时候，所有的硬币必须按照在第一个碟子里时的摆放方式出现在第三个碟子里面。我把规则讲清楚了，你开始动手吧。"

图9

哥哥话音刚落，我就开始一个个移动硬币了。我在第三个茶碟里放了一个10戈比的硬币，然后在中间茶碟里放了一个15戈比的硬币，放完后我就不知道该怎么做了。20戈比的硬币应该放到哪里呢？它的面值可比前两枚硬币的面值都要大啊。

"你又遇到什么麻烦了？"哥哥很关心地问道。

"你在中间茶碟里放一个10戈比，把它放在15戈比的上边，如此一来，第三个碟子里面就可以放个20戈比的。"

这个难题解决了，又来了个新的难题。50戈比的硬币应该放在哪里呢？我很快想出对策，在第一个碟里放10戈比硬币，15戈比的硬币放进第三个碟，随后把10戈比的硬币也移到第三个碟子里面。这样一来，50戈比的硬币就可以放到空出来的碟子里了。然后我又尝试了很多的移动办法，终于把1卢布的硬币从第一个茶碟里移出来了，把一摞硬币按照一开始的摆放方式移动到了第三个碟子里面。

"你总共移动了多少次？"哥哥称赞了我的表现后问道。

"我不记得了。"

"那好吧，现在我们来计算一下。用最少的步骤来达到目的是很有趣的。如果只给你一枚15戈比的硬币，一枚10戈比的硬币，而不是原来的硬币数目，你需要移动多少步呢？"

"3步就可以了：在中间碟里放一个10戈比的，第三个碟里放一个15戈比的，最后10戈比的移到第三个碟里。"

"完全正确。再加一个20戈比的会怎样呢，我们来计算一下吧，看这回我们需要移动多少步。我们这样做：把2枚小面值的硬币按顺序移到中间的碟里，我们刚才做过，这需要3步。在第三个碟里放一个20戈比的硬币，这是1步。把这2枚硬币从中间碟子里面移到第三个碟里，这需要三步。所以想要达到这个效果至少需要7步。"

"我用自己的办法计算一下4枚硬币到底需要多少步。移动3枚小硬币到中间的碟，这需要7步，随后把50戈比的硬币放到第三个碟里，这又要需要一步；最后再把3枚小硬币移到第三个碟，还需要7步。因此总共需要15步。"

"你的进步很大啊，那你再想想5枚硬币需要多少步呢？"

"计算方法应该是：15+1+15=31。所以至少需要31步。"

"你现在已经掌握计算方法了。但我可以告诉你一个更加简单的方法。事实上，我们已经做了很多次实验了，所以你有没有发现这样一个固定的计算规律呢？我们每次计算出的得数大多都类似于3、7、15、31，这样的一些数目，如果你足够细心，你就会发现这些数大多都是2的倍数减1。"

$3=2 \times 2-1$

$7=2 \times 2 \times 2-1$

$15=2 \times 2 \times 2 \times 2-1$

$31=2 \times 2 \times 2 \times 2 \times 2-1$

"通过这个规律你大概明白一些了吧。你需要移动多少枚硬币，移动的步数就是几枚硬币数目的2相乘再减去1。例如，移动7枚硬币需要：$2 \times 2 \times 2 \times 2 \times 2 \times 2 \times 2-1=128-1=127$步。

"不错，你已经可以熟练玩这个游戏了。但是你必须知道一个游戏规则：如果硬币的数目是奇数，你就要将第一枚硬币先放到第三个碟里，如果第一枚硬币是偶数，就将它放到中间的碟里。"

"这个游戏是你想出来的吗？"

"不是，我只是把游戏的规则用到玩硬币上了而已。这个游戏起源于印度。关于它，还有一个非常有意思的传说。在贝纳列斯城好像有座寺庙，印度神伯拉玛就在这个神庙里，传说他在创造世界时设置了三根金刚棒，一根金刚棒上套了64个金环，最大的金环放在了金刚棒的最下面，最大的金环上边的金环一个比一个小。庙里的祭司们不断地把这些金环从一个金刚棒套进另一个金刚棒里，第三根金刚棒充当辅助棒的作用。我们还要遵守玩游戏的规则：一次只能套一个一环，并且必须是大环在小环的下面。神话故事里是这么说的，如果把这64个环全都移动完的话，世界末日就会来临，地球就会毁灭。

"如果这个童话故事是真的，这个世界早就该毁灭了！"

"你觉得移动64个环花费的时间很少是吗？"

"一秒钟可以移动一步，那么一个小时可以移动3 600次。"

"然后会怎么样？"

"不间断地移动，一天一夜将近10万次，10天就是100万次。100万次，别说移动64个环，就算是1 000个环都没问题了。"

"事实上，要想移动完这64个环，需要整整5 000亿年的时间！"

"怎么会这样？移动的次数不就是64个2的乘积再减1吗？"

"是18亿亿次多，换个表达方式就是百万的百万的百万。"

"等一下，我仔细计算一下。"

为了便于计算，我先计算出16个2的乘积，然后把乘积65 536再乘以这个得数，最后将所得的数两两相乘。整个过程的计算枯燥乏味，不过我仍然耐着性子计算，直到把它算完为止。最后我得到了这样一个数字：18 446 744 073 709 551 616。

我承认，哥哥是对的。

我现在鼓足勇气，准备做哥哥留给我的需要独立完成的题目。与上一个题目相比，这些题目好像没有那么复杂，有些甚至非常简单。11枚硬币放10个茶碟里的游戏，我可以轻松地完成：我们将第一枚和第十一枚硬币放到第一个茶碟里的时候，又在第二个茶碟里放入第三枚硬币，第三个茶碗放第四枚，第五枚，依次放下去。可是第二枚硬币在哪里呢？第二枚硬币一直都没有被用过！这就是整个游戏的关键所在！猜手里的硬币是哪一枚的答案也没想象中那么难：15戈比的两倍是偶数，三倍就是奇数。但是像10戈比的这样的数目无论几倍都是偶数。依据以上总结的规律可以发现如果得数是偶数，那么15戈比就是被乘了两倍，它就在右手里；如果得到的结果是奇数，那我们就很容易想到，数目就是15戈比的3倍，它就在左手里。根据图10所示，摆硬币的答案也就非常明确了，左图为任务一的答案，右图为任务二的答案。

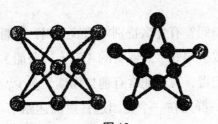

图10

图11是方格图里摆硬币的答案：在有36个方格的图里放置18枚硬币，每一排和每一列里的硬币枚数都是3枚。

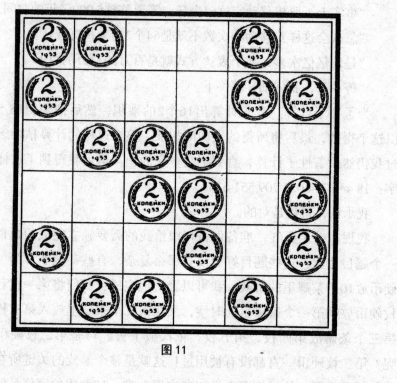

图 11

3. 破解迷宫

在迷宫里迷路——人和老鼠——左手或右手规则——古代迷宫——岩洞里的图尔聂佛尔——迷宫答案。

"你在看什么书呢？有什么特别好的故事吗？"哥哥问我。

"我感觉这个故事很好。杰罗姆的《三人一条船》。"

"这个故事我记得，写得非常有趣！你读了多少？"

"现在正读到一群人在一个花园迷宫里面迷路了走不出来，不知道怎么办呢。"

"听你的介绍，感觉故事很有趣！你也读给我听听吧。"

我把一群人在花园迷宫迷路的故事从头到尾读了一遍。

卡利斯问我有没有去过哥普顿－戈尔特迷宫。他曾经去过那里一次。卡利斯在图上研究过这个迷宫，他感觉迷宫的设置其实非常简单，他认为这样一个地方不值得花钱买票来看。卡利斯曾带自己的一个亲戚去过那里。

"你想去吗？如果你想去我们也可以去。"卡利斯说，"只是那并不是很好玩，如果说那是迷宫，有点儿夸张了。假如你想出来的话，你只需要一路右转，就可以了。我们大约10分钟就可以走出来。"

那一次在迷宫里，卡利斯遇见了几个走了快一个小时的人，那些人看见他很高兴，感到终于有人可以带他们出去了。卡利斯也同意他们跟着自己一起走，将他们带出去。只是他才进来，还没有走多久。一群人听他这么一说，感到非常高兴，就跟着他走了。

迷宫里有很多人，最后待在迷宫里的所有观众都聚集在一起。他们感到走出迷宫的希望渺茫，似乎他们已经失去了走出去和家人朋友在一起的期盼，人们都把出去的希望寄托在卡利斯身上，加入了卡利斯的队伍。据卡利斯说，这里面一共有20多个人，有一个带着孩子的妇女在迷宫里走了整整一上午，看到卡利斯便拽住他的手不肯放，生怕和他走散。卡利斯一直往右转，似乎路很长，连他的亲戚都感到迷宫显得非常大。

"这真是欧洲最大的迷宫之一啊！"卡利斯感叹道。

"似乎是这样的。"亲戚很无力地回答。"我们已经走了两英里（1英里≈1.609千米）了，感到很累啊。"

卡利斯开始感到有点无地自容，可是他还是对自己很有自信的。突然，他们看到前面有被踩在地上的蜂蜜饼干。亲戚很有信心地说，这块饼干他7分钟前见过。此时，卡利斯有些失去信心了。

"怎么会发生这种事，怎么可能呢？"卡利斯非常惊讶地说。带孩子的妇女却很淡定，不感到一点儿惊讶，因为这块饼干就是她掉在地上的，在见卡利斯之前她就已经来过这里了。她说她再也不想碰见卡利斯了。她认为卡利斯就是个骗子。这让很是劳累的卡利斯很愤怒。

卡利斯拿出了地图，讲述了自己的观点。

"地图确实很有用。"一个同行者指出，"但是有用的前提是我们能够知道自己在哪儿。"

卡利斯并不知道他们所处的位置，但是卡利斯说出了自己的观点，那就是他们可以回到起点，从头开始。虽然并不是所有人都赞同从头开始，因为大家已经很疲倦了。但他提出的返回出发点，还是得到了大家的一致赞同。无论多么累，大家还是选择相信卡利斯，跟着他回到了原点。过一段时间后大家来到了迷宫中心。

卡利斯原本想说，他也是凭着感觉走的，但是一想到这会让大家感到愤怒，对他失去信心，他就做出好像碰巧来到这里的样子一样。

不管有没有准确的方向，他们都必须走一个方向。与上次不同的是，这次他们知道自己所在的位置，于是他们再次研究地图。他们认为必须走出去，于是他们第三次上了路。

但是几分钟后他们又莫名其妙地回到了迷宫的中心。

这次，他们感到很疲倦，怎么也不肯继续了。因为无论他们怎么走，最终都会回到迷宫中心。这样已经反复多次了，所以大家总是知道结果是怎样的。有些感到筋疲力尽的人干脆留在原地等其他人走一圈又回到这里。卡利斯有时候会在途中拿出地图，但是人们一看到他拿出地图就恼怒不已。

最后，他们感觉肯定走不出去了，于是很多人便开始喊守门人。守门人爬上高高的梯子，告诉他们该往哪个方向走。

大家已经累坏了，没有任何精力了，在迷宫里的人似乎连守门人的话都听不明白了。守门人见到这种情况，就用力大喊，要他们站在原地等他，不要走开。所有的人开始挤在一起等待守门人的到来，守门人从梯子上下来，朝他们的位置走去。

让人感到失望的是守门人是新来的，当他在迷宫里走的时候他自己也迷路了。有时候，观众会看到他一会儿在这里出现，一会儿又在那里出现。守门人刚一看到那些人就费力地朝他们奔去，转眼一分钟的时间他又回到了原地，"为什么我总是找不到他们？"

最后，还是一个年长的守门人把他们带出去了。

"他们确实不怎么聪明。"当我读完故事后，哥哥说道。

我说道："手里拿着地图不一定就可以找到路啊！"

"你以为，每个人都有很强的能力，能够一下子就找到路吗？"

"当然啊，要不然还要地图干吗呢！"

"我的手里面刚好有一张迷宫的图纸，你可以看看（图12）。"我说完，哥哥就跑进了阁楼里。

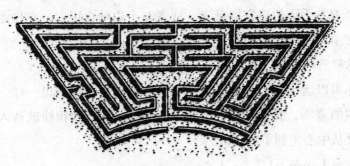

图 12

"原来，这些迷宫真的存在啊！"

"哥普顿-戈尔特迷宫当然存在，这个迷宫就在伦敦边上。它已经有200年的历史了。这就是《哥普顿-戈尔特迷宫方案》。事实上，这个迷宫不是很大，整个迷宫总共才1 000平方米。"

哥哥翻开了书，找到了里面的一幅平面图。

"如果你在迷宫的中心场地里，你会如何选择？你可以用火柴棍标识出你要走的路径。"

从迷宫中心开始走，每走一步用火柴棍进行标识。一开始，我以为会很简单，但是当我走了一圈以后，我发现我又回到了中心处，和故事的主人公面对一样的情景！

"这就说明有了地图也不一定能够走得出去。有一种动物，它不需要地图也可以完成任务，那就是老鼠。"

"你说的是老鼠？"

"书中曾提到这种老鼠。你难道以为我这里的文章都是些关于园林建筑方面的？不是这样的，这本书主要讲述了动物的智商。科学家为了得出老鼠的理解力，用石膏做了个小迷宫，将要测试的小老鼠放到小迷宫里去。书中曾提到，老鼠在这个迷宫里走出来只用了半个小时的时间，换句话说就是，它的速度要大于故事中的人的速度。"

"一幅并不复杂的图，却隐藏着很多的玄机。这里有一个很容易理解的规则，掌握了这个规则就可以顺利走出迷宫了。"

"这个规则是什么啊？"

"顺着右手边的迷宫墙壁走，或者左手边的也可以，在你走出来之前，你必须要做到这一点。"

"这样就可以了？"

"你可以运用这个规则亲自走一遍，就像你在迷宫里一样。"按照上面所说的规则，我让我的火柴棍走了一遍，这次我很快就从入口走到中心，又从中心走到了出口。

"太令人兴奋了！"

"这个方法并不是很好啊。"哥哥不屑地说。

"对于简单的很好，至少可以让人正常地走出去，但是如果真的要走完全程就不是很好了。"

"我把迷宫里所有的路都走完了啊。"

"有一条路你是没走过的，如果你已经把你走过的路都画线标出的话。"

"哪一条路没有走呢？"

"你看，我已经用星号在图上给你标出来了（图13）。就是我画的这个你没有走过。这个规则在别的迷宫里可以带你走过很长一段路，在这里，光靠这一点还不足以让你顺利地走出整个迷宫。"

"除了这个迷宫还有别的吗？这么说这样的迷宫有很多了？"

"是的。"

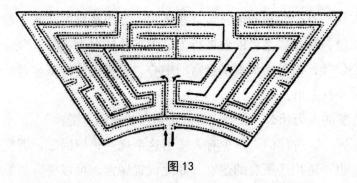

图 13

人们都想在普通的花园和公园里建迷宫，你还可以在露天的植物篱笆墙间到处躲藏，特别好玩。古代的迷宫就与现代的不同了，他们把迷宫建在宽阔的建筑物里或者地下。当然他们的出发点也是不同的，古代的迷宫主要是把人关起来放到这里，让他们在由回廊、过道、厅堂巧妙构建的网络里毫无希望地一直走下去，直至最后饿死在里面。这样的迷宫在世界上有很多，克里特岛上的神奇迷宫就是一个，传说这个迷宫是古代的米诺斯王下令建的。这个迷宫的通道非常乱，建造迷宫的代德罗斯好像也无法找到它的出口。为此，罗马的诗人奥维基曾这样描写这个迷宫：

建筑天才代德罗斯，
建了一座伟大的建筑，
建筑物的屋顶和隔墙很密实，
除了弯弯曲曲的走廊，什么也没有，
但是就是这样一条条通向四面八方的走廊，却迷惑着很多渴求的目光。

写完上一段诗以后，他还补充道：

代德罗斯所建的每一条路，
就连他自己也找不到出去的路。

"古代还有一些别的迷宫，这些迷宫有着很特别的意义，那就是用来保护王陵，防止盗墓者的偷盗行为。大多数情况下，陵墓会放置在迷宫的中心位置，简单地说就是迷宫的中心，这样即使有盗墓者，他们进得来也很少有走出去的。"

"盗墓的人为什么不按照你讲的走迷宫的规则走呢？"

"原因一，古代的人很少有人知道这个规则；原因二，即使有了这条规则，也不适用于所有的迷宫。如此设置迷宫，可以将珍贵的财宝放在采用这个规则走刚好无法发现的位置。"

"那么能建一个完全走不出去的迷宫吗？当然，现在的迷宫建筑，谁用了你的规则都可以走出去的。如果一个人进去无论怎样都出不来呢？"

"在古代人的眼中，只要迷宫的路有迷惑性，那么盗墓者就是不可能走出迷宫的，但是事实上并不是这样的。我们可以用数学概率来说明，因为建一个没出口的迷宫是不可能完成的任务。所有的迷宫不但都能找到出口，而且绝对可以一条路不错过，将所有的僻路小巷走完，然后成功走出迷宫。但是当你准备走迷宫的时候你需要遵守严格的规则，应该有足够的预防措施。大约200年前，在法国有一个植物学家名叫图尔聂佛尔，他去过克里特岛上的一个岩洞。这个岩洞有一个传说，由于它拥有无数的通道，因此它成了一个没有出口的迷宫。这个岛上有好几个这样的岩洞，也许，这些岩洞是在米诺斯王迷宫传说的那个时期建造的。那么法国植物学家是怎样做到不迷路的呢？他的同行者数学家柳卡是这样解释的。"

哥哥又从书架上拿出一本《数学娱乐》的书，让我阅读。文章内容如下：

"我与同行者沿着地下长廊网艰难地走了很长一段时间后，我们又来到了一个很长很宽的回廊，这条回廊通向迷宫深处的一个宽阔的大厅。"图尔聂佛尔说，"我们两个人沿着这个长廊走了1 460步，我们就一直向前走着。然而从这个长廊的两边又冒出了很多其他的走廊，此时，如果我们不采取相关的预防措施，肯定会迷路的。因为我们必须走出去，所以我们小心记录了回来的路。

"在我们进去前，我们在洞口安排了一个人，并且告诉这个人，如果我们在天黑前没有出来，他就去找附近的人来解救我们。不但如此，我们每个人都拿了一个火把。除了前面两项，我们在所有我们认为难找的拐弯处，都在靠右的墙壁上贴上了标号的纸条。最后一步，其中一个向导靠右边放一束黑刺李，另一个向导袋子里面装了很多碎草，于是他走到哪儿就一路撒到哪儿。"

"这些措施都非常琐碎，"哥哥读完这个部分的时候对我说，"也许在你的眼里这不算什么。但是在图尔聂佛尔的时代，这些措施是必须采取的，因为那时候没人知道有关迷宫的真实情况，也没有人研究过要怎么走。关于一些走出来的规则是现代人研究出来的，相比之下，我们能够更顺利地走出来，但他们的做法与法国植物学家的预防措施相比，也还算可靠的。"

"对于这些规则你知道多少？"

"事实上，这些规则并不复杂。第一条规则就是：进入迷宫后你可以沿着任何一条路走，只要你没有走到死胡同或者走到十字路口。如果你走到了死胡同，立刻返回，在死胡同出口旁边放两颗石头说明你需要走两次走廊。如果走到了十字路口，你就可以大胆地沿着任何一条路走下去，但是每次走的时候你要用石头标出你来过的路线和继续往下走的路线。当你做到这些的时候，你就做到了第一条规则。第二条规则：如果你沿着新走廊走到一个你以前来过的十字路口，那么在走廊尽头放置两颗石头，你需要马上调头。第三条规则：沿着走廊走的时候，包括走过一次的走廊，来到已经来过的十字路口，就必须用第二颗石头标注，然后选择一条你之前没有走过的走廊。如果是没有这样的走廊，就选择走过一次的走廊，路口只有一颗石头的走廊可以证明只走过一次。只要你按照这三条规则走，你可以把迷宫里的走廊走两遍，不会漏掉任何一条僻路小巷，并且可以顺利地走出迷宫。我有几张迷宫的图（如图14、15、16），你可以尝试着走走。以后，你就不会被在迷宫里迷路的危险吓到。如果你感兴趣，你可以把类似的迷宫都走完，包括法国植物学家走的那个，你也可以尝试一下。"

图 14

图 15

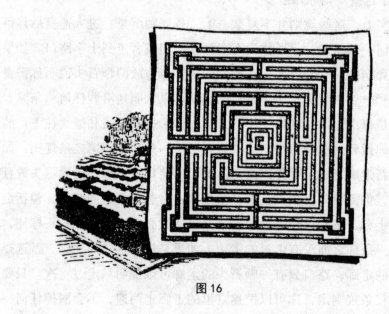

图 16

第二章

聪明的物理学家

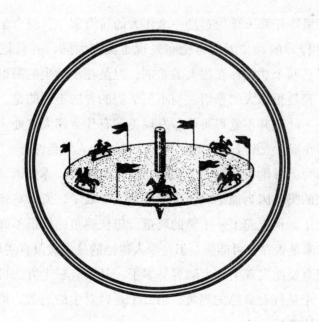

1. 比哥伦布更高明

"克里斯托弗·哥伦布是一个伟大的航海家。"一个学生在他的作文中是这样写的，"因为哥伦布发现了美洲大陆，并且把鸡蛋立了起来。"虽然两个功绩存在很大的差别，但是在小学生的眼里这并没有什么区别，都是很伟大的事情。与小孩子们的看法不同的是，美国的一位作家马克·吐温并不觉得哥伦布发现美洲有什么伟大之处，他说："如果他没有在那片大陆上而发现了那个大陆才让人感到惊奇。"

我认为，哥伦布的第二个功绩并没有多伟大。你知道鸡蛋是怎么被他立起来的吗？因为他把鸡蛋下端的蛋壳弄破了，所以鸡蛋很容易地竖在桌子上了。他立起了一个破的鸡蛋。想让鸡蛋的外形不破，然后把鸡蛋竖立起来是否存在可能呢？但是令人遗憾的是海员没有实现。

这完全要比发现美洲大陆容易多了。其实有三个方法可以实现这一点：第一个是针对煮熟的鸡蛋，第二个是针对生的鸡蛋，第三个是针对其他形式的鸡蛋。

让煮熟的鸡蛋立起来很简单，你把鸡蛋旋转起来。如果鸡蛋立着旋转起来，转动的时候就会一直保持立着的状态。用这种方法是很容易成功的。

用这种方法立起生鸡蛋或许不可行，我们都知道生鸡蛋有一个特点，不容易旋转。只要不打破蛋壳，你就能够发现竖起煮熟的鸡蛋和生鸡蛋的方法的不同之处。生鸡蛋里面的液态物质不利于快速旋转，并且对旋转有障碍。所以这个方法行不通，必须找别的方法才可以。这次的方法是把鸡蛋使劲地前后左右摇几次，蛋清和蛋黄就会融为一体。这次你可以把鸡蛋大头的一面朝下立起来，扶一会儿，比蛋清重的蛋黄就会流向鸡蛋底部。这样鸡蛋的重心就会下移，此时的鸡蛋的稳定性就会更强。

最后还有一种立起鸡蛋的方法。

你可以选择在塞紧的瓶塞上立起鸡蛋，不仅如此你还可以在鸡蛋上放置一个插着两把叉子的瓶塞（图17）。这种"系统"非常稳定，即使瓶子不正时它都能保持平衡。但瓶塞和鸡蛋都不掉下来的原因是什么呢？同理，插着削笔刀、笔尖立在手指上的铅笔不会掉下来的原因又是什么呢（图18）？科学家的解释是中心比支撑点低的原因。也就是整个"系统"重量的着力点比"系统"的支撑位要低一些。

图 17

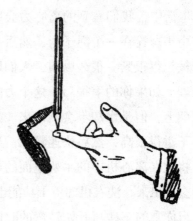

图 18

2. 惯性导致的离心力

打开一把伞，然后将伞尖朝下（图19），此时转动伞，转动的同时向伞里扔一些类似于纸团、手帕等比较轻且不容易毁坏的物品。这时你会看到一些你平时看不到的事情。这些扔在伞里的东西并不能在伞里面老实待着，你扔进伞里面的东西会沿着某一直线滚上伞边，并沿着这条直线飞出去。

图19

从理论上说，将扔进伞里的东西抛出去的力量应称为"离心力"，物理学上称之为"惯性"。只要物体沿着圆周运动，我们就会发现惯性的存在。这就是日常的一个惯性现象——运动物体保持自己原有的运动方向和速度的趋势。

生活中，我们看到的离心力会比自己感受到的离心力更多一些。你把一个小球拴在一个绳子上，然后用手转动。此时因为有惯性的存在，绳子被拉得很紧。很久以前，人们用的抛石武器就是利用了离心力的工作原理。如果你的手很巧，这个力能帮你完成一个玻璃杯的魔术，杯子的底朝上，但是水却不会洒出来。如果你想要达到这个效果，你就需要把杯子举得很高，然后快速转圈。运用这个原理，可以在自行车上转盘子，将放在离心机中的牛奶里面的奶油分离出来，同样也可以把蜂房里的蜂蜜吸出来，洗衣机的甩干功能也是根据这个原理来工作的。

当你乘的车碰巧开始转弯的时候，你就会发现自己被一股力压向靠外面的车厢壁。如果车速很快，并且外边的轨道比里面的低一些的时候，整个车厢就会倾覆，所以，车厢在弯道处稍微向内倾。这时你会发现，车反而更稳了。

实验是很奇妙的东西，当你研究完一件事后，你会发现其余那些你不懂的谜题也解开了。你拿一个硬纸板，然后将它弯成一个喇叭的样子，当然如果你有一个锥形盆就不需要这个了。这有点儿类似于台灯上的灯罩，如果是玻璃或白铁皮的，就符合我们的要求了。不管你用什么材料，现在都要准备一个，然后沿着边上放入一枚硬币。此时它的运动轨迹是沿着器皿底部画圈，并且还会向内倾斜。如果硬币所转的速度逐渐降下来，它所画的圈也会越来越少，逐步靠近器皿的中心。但只要器皿稍微转动，硬币就会偏离中心，画的圈也越来越大。如果转动的力量足够大，那么它很有可能彻底滚出该器皿。

我们在专业的自行车赛场上设置一些特别的环道（图20）。如果仔细看你可以发现，车手急速转弯的这些特殊的环道，有明显向中心倾斜的趋势。自行车在这样的车道上的倾斜是非常大的，就像你的锥形盆里的硬币一样，它会特别稳。我们总是感觉骑车杂技的表演很迷幻，他们可以在一个陡峭的斜面上画着圈。通过这个实验我们发现，这也不过如此。如果你让车手在平坦的公路上表演转圈骑行，这倒是一门令人叹为观止的艺术。同理，骑马的人在转急弯时也会向内倾斜。

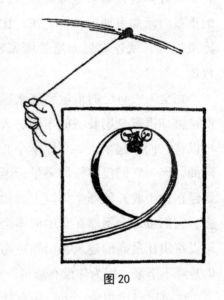

图20

那么，我们接着往宏观的方面联想一下。地球也是一个旋转的物体，那么地球上也应该有离心力。它是怎么表现出来的呢？表现在，因为旋转的原因，地球表面的所有物体都在逐渐变轻。距离赤道越近，在一天之内，地球上所有物体转的圈就会越大，换句话说就是，它们转得越快，失重就会越明显。如果你用弹簧秤称量，你会发现从极地搬到赤道的1千克砝码轻了5克。虽然差别不大，但还是有差异的。如果将机车头从阿尔汉格尔斯克运到敖德萨，那么它的重量会减轻60千克。所以我们可以发现一个规律，那就是东西越重，差距就会越大。一艘从白海航行到黑海的2万吨的海轮，在此会失重80吨。这可不是一个人的重量那么简单，这个重量已经等于一个机车的重量了！

那么为什么会发生这种现象呢？就是因为地球在旋转，它在努力甩掉表面的所有物体，就像旋转的伞把抛进来的纸团甩出去一样。事实上，伞确实会把纸团甩出去，然而地球受到万有引力的作用，它会把所有的东西吸向自己。地球的旋转虽然不可能把东西甩出去，但它可以让它们失重变轻。地球的旋转会让东西变轻的原因就在于此。

还有一个规律，那就是地球转得越快，减轻的重量就会越多。有些科学家计算过，如果地球旋转快17倍，那么赤道上的东西就会失去所有的重量。而如果地球转得更快，比如一个小时转一整圈的话，不单单是赤道地区，就连靠近赤道的国家和海洋里的物体都要彻底失去自身的重量。

完全失去自己的重量要怎么理解呢？也就是平时你看起来很重的东西，例如携带全副装备的军舰、火车头、大石头等，你依靠手的力量就可以将它们拿起来，如果你不小心手滑把它们弄掉了，也不会有什么危险的。因为它们没有任何重量，砸谁也是软绵绵的！有时候它们甚至还飘浮在你手放开的那个位置上。如果你坐在热气球的吊篮里把东西抛出去，它们也许会飘浮在空中而不会下落。这个世界将会多么有趣啊！你可以跳出比最高的建筑和山峰更高的高度，唯一不好的是你跳得上去，但是降不下来，因为你没有重量。

你可以自己想象一下，还有什么是不便的？那就是所有的东西如果不固定就会被风吹跑。人、汽车、动物、马车、轮船都会杂乱无章地在空中飘荡，如果地球自转速度够快的话，那么这一切都有可能发生。

3. 奇妙的陀螺

图片里有一些形状不同的陀螺，它们是用不同的材料做成的。这些陀螺会给你展示一些有趣的实验。这些陀螺的制作要求不是特别高，你不需要花钱，也不需要别人的帮助，自己就可以做出来。

接下来，我们看看这些陀螺的制作步骤。

（1）用五孔纽扣制作陀螺。在你的周围找一个五孔纽扣，如图21所示，你就可以轻松制作陀螺了。你用一个尖的木条穿过纽扣中间的那个孔，然后塞紧它，这样一个陀螺就制成了。通过这种方式制作的陀螺的两头都可以转。你只要用手转动木条，然后把陀螺抛出去，陀螺就可以转了。

图21

（2）如果你没有带孔的纽扣也是可以制作陀螺的，你可以找橡皮做的软瓶塞。用一个一头尖的木条穿过去，这样一个陀螺就做好了（图22）。

（3）通过观察图23，你可以看见一个不同寻常的核桃陀螺，它可以靠自己的尖突部分旋转。将一个核桃变成一个陀螺，你只需要将一根小木棍插在它的上面就可以了。

（4）除此以外，你还可以找一个既平整又宽的软木塞。用一截铁丝穿过软木塞，以它为中心轴。这样的陀螺旋转起来非常稳。

（5）图24中的陀螺很有特色：它是用削尖的火柴棍穿过装药丸的小圆盒制作而成的。为了使陀螺更牢固，我们必须往钻孔里淋点火漆。

图22　　　　　　　图23　　　　　　　图24

（6）图25向我们展示的是一个非常不可思议的陀螺。陀螺的转盘边上用线系着几粒圆纽扣。陀螺旋转的时候，纽扣顺着转盘的半径被抛了出去。同时，由于圆纽扣受到离心力的作用，线被拉直了。

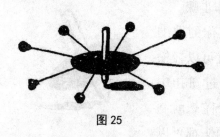

图25

（7）下面的这个陀螺和上面的有点儿相似，但风格和上一个陀螺不同。如图26所示，在一个软木塞形状的陀螺转盘上插入几根大头针，大头针的一头穿着各种颜色的珠子。陀螺旋转的时候，珠子由于受到了离心力的作用会滑到大头针的针帽位置。如果此时正好有灯照到陀螺，大头针的针棒会像镶嵌着珠子的银条一样五彩斑斓。如果你想要陀螺运动的时间够长，你可以把陀螺放到光滑的碟子里。

（8）如果你想做一个彩色的陀螺（图27），那就需要花费很长的时间，但与上边不同的是，你可以看到在普通陀螺里看不到的神奇景象。这回我们准备好圆药盒的底，把不用的钢笔笔杆穿过盒底，用两块软木塞垫圈将盒底孔上下夹紧，如此一来就可以将陀螺固定，然后你仿佛分蛋糕一样，用直线从中心到边缘将转盘平均分为几块，相间着涂上蓝色和黄色的颜料。你可以想象一下，陀螺转起来会出现什么情况，转盘的颜色不是我们涂上的蓝色和黄色，而是绿色的。黄色和蓝色在我们的眼睛里进行混合，产生了新的颜色——绿色。

你可以接着做混色实验。将浅蓝色和橘黄色依次涂在转盘扇形区，准确地说，当陀螺旋转时，你看到的不是黄色，而是白色，更准确地说是浅灰色，用料越纯，得到的颜色越浅。混合这两种颜色得出白色的在物理学上统称为"补充色"。通过这个实验，我们得出浅蓝色和橘黄色就是补充色。

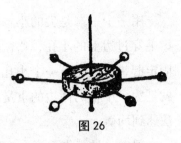

图 26

假如你准备的颜料非常齐全，那么你完全有理由做两百年前伟大的英国科学家牛顿曾经做过的实验。那就是将赤、橙、黄、绿、青、蓝、紫，这七种颜色依次涂在转盘扇形区上。这七种颜色在旋转的时候会混合成灰白色。通过这个实验你能够得出这样的结论：每一束白色的太阳光都是由不同颜色的光线混合得到的。

图 27

进行彩色陀螺的变色实验的步骤如下：将一个纸环套在已经转动起来的陀螺上（图28），转盘马上就会变色。

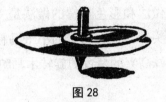

图 28

（9）做会写字的陀螺（图29）。就像上面所描写的步骤，不同的是转轴不是钢笔杆，而是已经削好的铅笔。在略微倾斜的纸片上将这个陀螺转动起来。旋转的陀螺的运动轨迹是这样的，它沿着稍微倾斜的纸片朝下旋转，笔尖会把运动轨迹留在

图 29

纸片上。计算转数非常简单，陀螺转一圈，笔就会画出一圈。我们一边拿着表一边观察陀螺的旋转，当然，不用表也是可以数的，不过我们需要提前练习读一个数"1、2、3、4、5"所需的时间不多不少正好是一秒钟。如果你觉得这是很难的事情那你就错了。花十几分钟练习一下就能学会读数。打算只用眼睛读数是不可能做到的。

还有另外一种写字陀螺。为了做这样一个陀螺，需要找到一小块铅饼。因为铅饼是软的，所以你可以在小铅饼的中心钻一个小孔，你可以把这个孔当成中心，然后在孔的外面再钻两个小孔。

用一个一端是尖的小木棍，穿过中心的孔，做完这一步后，再用马鬃毛穿过边上的小孔，略微朝下超出陀螺中轴，用火柴棍的碎屑将鬃毛固定起来。还剩下一个小孔，这时候，你可以先不管它。这个孔的作用就是为了中轴的两边的重量相同，避免陀螺负重不均匀，旋转起来也无法达到均衡。

现在，你就做好了一个写字陀螺。为了完成整个实验，我们还需要一个被烟熏过的盘子。让盘子的底部在酒精灯的火焰上熏，这样做的目的是让盘子的底部附着一层均匀密实的烟黑，然后让陀螺在盘底旋转。陀螺转动的时候，马鬃会在盘底画出白色的曲线，非常奇妙（图30）。

（10）最后一种陀螺是你努力的终极方向：旋转木马陀螺。你第一眼看到它可能会感到制作它很困难，但是事实并非如此。转盘与中轴的做法和彩色陀螺的做法是一样的。在转盘的周边均匀地插上带小旗的大头针，把有骑士的小纸马粘到转盘上，这样就做好了能够让你弟弟或妹妹高兴的精致的旋转木马陀螺了（图31）。

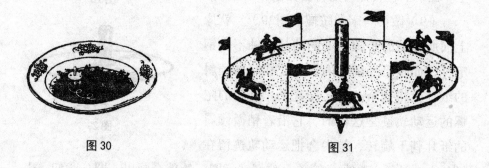

图30   图31

4. 碰撞现象

两辆车、两艘小船或是两个推球游戏的木球相撞是不幸的事件，或是比赛中的一个硬性规定，物理学里描述这个事件用了碰撞这个物理名词。一瞬间的碰撞会根据碰撞的物体的弹力区分出不同的情况。如果碰撞的物体有弹性，会出现很多不同的情况。弹性碰撞的过程被物理学分成了三个阶段。在第一个阶段，两个物体会在相互接触的位置挤压彼此。当两个物体挤压到最大的程度时，我们就可以看到第二个阶段发生的情况了。两个物体由于一开始受到了彼此的压力影响，为了保持平衡，它开始向外弹。在第三个阶段我们就可以看到物体恢复了一开始的形状，并且向相反的方向弹出去。知道这三个阶段，我们就可以了解到如果用一个木球撞击另一个静止的等体积的木球，撞过来的球会停在原地，不动的球会弹出去。

那么当一个木球撞向一排横着排列的木球会怎样呢？产生的结果很有意思。最末端的一个球急速飞向一边，其余所有的球都静止在原地，因为没有球可以将撞击传递出去并获得反撞击。

这个实验不仅可以用木球做，用别的物体也没有问题。比如，你把硬币一个紧挨着一个摆成一直排。你用手指按住最边上的一个硬币，用尺子敲它的侧边。你会看到中间所有的硬币保持原位不动，而另外一端的一个硬币飞了出去（图32）。

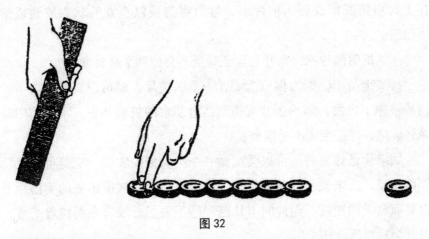

图 32

5. 奇妙的抽纸游戏

当我们看杂技的时候常会感到惊讶不已，因为他们总能做出一些似乎不可能完成的动作，比如把桌布快速抽下来，然而桌上所有的餐具包括碟子、杯子、水瓶仍然停留在原先的位置上，纹丝不动。这并不是什么不可思议的事情，也不是骗人的把戏，经过大量的练习，谁都可以做到。

图 33

也许现在你的手的灵敏度还无法做这种高难度的表演，但是一个小的实验还是可以做到的。找一个玻璃杯，放入半杯水，准备一张明信片，找个尺寸较大的戒指（男性用的），一个完全煮熟的鸡蛋。先把明信片盖在盛了水的玻璃杯上，再把戒指放到明信片上，最后将鸡蛋以直立的状态放到戒指上（图33）。

你能把明信片抽出来并且保证鸡蛋不会掉到水杯外面吗？

其实很简单，因为你只需要弹一下明信片，就可以轻松完成了。明信片被弹了出去，而鸡蛋和戒指则落进装水的玻璃杯中。水的作用就是减轻碰撞，保护蛋壳不被撞破！

如果你足够灵巧，可以尝试做一个生鸡蛋的实验。实验可以成功的原因就是，撞击发生的时间很短，鸡蛋来不及从被撞出去的明信片上获得显而易见的速度，而此时卡片已经落下去了。没有东西接着鸡蛋，所以就会垂直落入杯子里。

你可以提前做一些更简单的练习，来驾驭这个高难度的实验。在手掌里平着放一张（半张最好）硬纸，在它上面放一枚重量较重的硬币，然后用手指弹硬纸，你会发现硬纸上的东西还在手心里。

6. 令你吃惊的断口实验

街头艺人经常表演一些令人瞠目结舌的实验，因为平常人们不会刻意练习，所以有时候会感觉很奇妙，但是事实上，这其中的奥妙解释起来非常简单。

用两个纸环将一根长度较长的棍子吊起来，在两个纸环上悬挂棍子的两端，纸环本身也处于被悬挂起来的状态，一个纸环挂在刮胡刀的刀刃上，另一个挂在脆弱的烟斗上（图34）。表演者拿起另一根棍子迅速打击第一根棍子。你猜一猜结果是什么。被纸环吊起来的棍子断了，但是，纸环和烟斗竟然一点破损的痕迹都没有！

这个实验的原理和前面的解释并没有什么区别。碰撞的发生非常快，作用时间也是极为短暂的，这直接导致无论是纸环还是被击打的棍子的两端都没有充分的时间发生移位现象，所以棍子被折断了，其他的却完好无损。实验的成功当然是因为撞击的时间很短。如果动作很慢，那就不会出现这样的结果了。

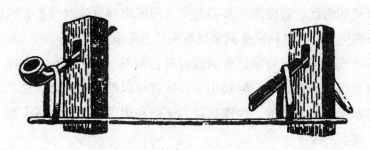

图34

有些技艺精湛的魔术师甚至可以利用技巧击断架在两个薄玻璃杯边沿上的棍子，而不让玻璃杯受到一丁点儿的损坏。

其实说了这么多，目的就是让你可以利用这种原理做一些其他的实验。你需要做些简单的改变，在长凳的边上放两支铅笔，把铅笔圆头伸出来，将一根细长的小木棍放在两支铅笔伸出桌沿的部位上（图35）。

用直尺的侧边快速有力地敲击细木棍的中部，你会发现支撑它的铅笔仍会停在原地，木棍会折成两段。

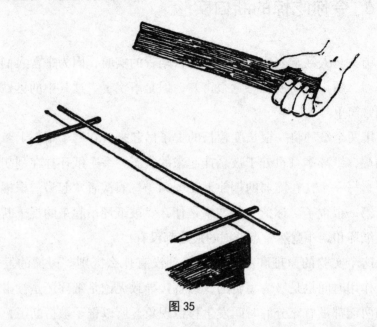

图 35

你用很大力气压核桃，并不能将核桃压破，但是如果你用拳头捶一下它却很容易将它捶破，讲完这两个实验，或许你就知道原因了。用拳头砸核桃的时候，碰撞来不及沿着拳头的肌肉部分分散开来，肌肉就把力给了核桃壳，此时核桃受到来自拳头的力是很大的。

通过枪射击的子弹穿过玻璃窗时只会留下一个小圆孔，而用手扔出的物体会将玻璃窗打碎。轻轻用手一推就可以推倒玻璃窗，这是由物体的运动速度过慢导致的，快速运动的子弹和用手投掷出的石头都无法做到这一点。

还有一个生活中的例子，那就是细柳条打折麦秸秆。如果速度很慢，你是无法弄折麦秸秆的，但如果你用细柳条猛力抽打，便可打折它。但是这里有一个前提，麦秸秆不能太粗。在柳树的枝条快速运动的影响下，碰撞根本来不及被传递到整个麦秸秆上，它只是集中在直接触及的一小块区域上，就这一小段区域承担所有的力带来的所有后果，自然就折断了。

7. 潜艇的科学依据

如果你把一个新鲜的鸡蛋放在水里它会向下沉，我们可以用这个方法确认鸡蛋是否新鲜。如果水里的鸡蛋上浮了，那你就要注意了，这个鸡蛋不能吃了。物理学家通过研究发现，新鲜的鸡蛋比同样体积的纯净水更重一些。这里的水必须是纯净水才可以，因为如果水不纯净，比如同样体积盐水的重量会比新鲜鸡蛋的重量更重一些。

你可以将准备好的浓盐水加进来，如此一来，混合液体的密度要比鸡蛋排挤出的纯净水大。此时，新鲜的鸡蛋在这样的水里会出现上浮的现象，古代阿基米德的浮力定律可以解释这一点。

你可以通过你的知识和理解来做下面这个好玩的实验，这个实验可以让鸡蛋既不下沉，也不上浮，鸡蛋会悬在液体的中间位置。物理学家把这一现象称为"悬浮"。这时，鸡蛋的重量和鸡蛋在浓盐水中所排出的液体的重量是相同的。但是这个溶液是需要你多次实验配置出来的，如果鸡蛋是上浮的，你需要再加一点纯净水；反之，如果鸡蛋下沉，就再加一些盐溶液。你需要多次实验才能配出这样的液体，鸡蛋会在溶液里面既不下沉也不上浮，而是停留在中间的位置上（图36）。

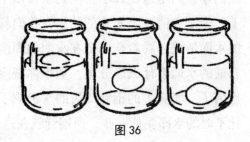

图36

潜水艇就是处于类似这样的状态。它会在水面下边停留，但是不接触水的底部。这只局限于排开的水刚好和本身重量相当的时候。为了这个目的，水兵们会从外面把水放入潜艇内部的一个特别的容器里，当它需要上浮的时候，再把水压出去。这就是潜水艇的原理。

飞艇在空中飘浮也是运用这个原理的，犹如放在盐水里的鸡蛋一样，飞艇排开的空气刚好和它本身的重量相同。

8. 浮在水面上的针

钢针也可以像稻草一样在水面上漂浮吗？没有人会相信。一个小铁块即便再小，也一定会快速沉入水底。

大部分人都是这样认为的，钢针不可能像稻草一样。如果你也是这么认为的，那么你可以通过做下面的实验改变自己的看法。

现在我们就找来一根很普通的、不需要太过精细的缝衣针，在缝衣针上涂些油。以上步骤都做好了以后，你就可以将涂过油的缝衣针仔细地放到玻璃杯里的水面上。这个时候你就会发现缝衣针不会沉入水底，而会漂浮在水面上。你一定会感到很惊讶吧！

所有人都知道钢针总是比水重得多，那么在玻璃杯中的钢针为什么不下沉呢？毋庸置疑，同体积的钢针的重量比水的重量重七八倍，这就更让人感到奇怪了，在这样的情况下，落入水里的钢针是永远也不会像火柴棍那样浮上来的。这样的结果是符合科学依据的，但是这个实验让我们迷惑的是这根针不会沉到水面以下，反而会像稻草一样漂浮在水面上。为了弄清这个实验的结果，我们就应该仔细看看这根漂浮的针附近的水面情况，看看会不会在水面的周围发现什么，那么实验中的水面与普通的水面有什么区分呢？如果你观察得够仔细，你就能发现这其中的原因了，实验中的钢针周边的水形成了一个凹陷处，这个凹陷处的水面比平时的水面要低一些，而钢针就在这个位置。

裹了薄薄一层油脂的针并没有被水浸润，这也就是针周边的水面处有凹陷的原因所在。在生活中，你也会经常碰到这样的情况，当你的手上有油的时候，即使你将水淋到手上，此时的手也是干的，水是不能浸润沾有油的手的。生活中，我们会看到一些会游泳的禽类，这些禽类之所以会游泳，并且游泳的时候它们的羽毛不会湿是因为它们的羽毛总是覆盖着由特别的腺体分泌的油脂，这就是它们身上沾不了水的原因。这也是制作不出溶解脂肪层、从皮肤表层去除脂肪的肥皂，即便热水都洗不干净油手的原因所在。被抹了油的针压在水的表面处，在水的表面处形成了凹陷。而水面也不甘示弱，努力将自己抚平，托着针。就是因为水努力抚平被针压弯的水面将针托起，钢针才不会下沉。

因为我们人类的手上总是有少许的油脂，所以在我们手里的针会在不经意间裹上一层油脂，而钢针正是利用这些油脂才可以在水面上漂浮。这种方法的便利之处就是，你不用特意涂油脂，但你必须做到非常小心地把它往水面上放。只有特别小心才有可能成功。除了上面的方法以外，你也可以这样做，你将针平放在烟卷纸的碎片上，放完后，你就仔细地用另外一根针把纸片往下压，直至把整张纸片都压到水面之下。这时你就会发现，纸片跑到了水的底部，而针留在了水面。

如果你对这种现象非常感兴趣，你也可以去观察昆虫水黾，它在水中和在陆地上迈的步子是一样的，当你看到这种现象的时候，你就不会再为这种现象感到困惑不解了。

你可以看到，昆虫的爪子在水里并不会被水浸湿，因为它的爪子上覆盖着油脂。讲到这里，你会发现和上面实验的情况是一样的，油脂的存在会让水凹陷，而水面本身想要将凹陷抚平时，昆虫就会受到从下往上的力，而不会往下沉。（图37）。

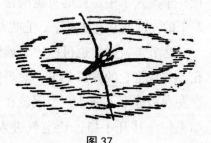

图 37

9. 神奇的潜水钟

我们要做一个实验，这个实验需要准备一个普通的盆子，如果你没有盆子，也可以准备一个罐子，实验对这个罐子也是有要求的，那就是罐子要有一定的宽度和深度，这样做起实验来会更顺利些。除了上面要准备的东西以外，我们还需要准备一个大高脚杯或者高玻璃杯。这就是我们所说的潜水钟，将装水的盆子看作一个小型的海或者湖。

这个实验很简单，也许是所有实验中最简单的了。你把杯子插入盆底，这里你要遵守一个原则，那就是将杯子底朝上拿着，如图38，时刻都要用手压着（以便水流不进去）。这时候可以很容易地发现，水几乎完全没有流进杯子里，原因就是空气让水失去了流进杯里的可能。如果你把一块糖放进潜水钟下（因为糖是很容易溶解的物品），此时你再看杯子的底部，你会看到更加直观的现象。这回你在水里放一个软木塞，对这个软木塞的要求就是在

图38

软木塞上面放上方糖，并在软木塞上面用玻璃杯把它罩住。现在你再次把杯子放入水中。此时方糖的位置虽然位于水平面之下，但是方糖仍然是干的，即使它在水面下，它也是干的，因为杯子下没有水渗进去。

这个实验同样也可以用玻璃漏斗来做，如果你用手指严实地堵住细孔，并且将它的宽口朝下，然后按照上面的操作，把漏斗放入水里，你会发现水进不了漏斗，原因就在于你把那个小孔的部分用手挡住了。但如果你一移开手指，让空气进入漏斗里面，此时水就会立刻进入漏斗里，直到和漏斗外面的水位持平。

通常我们认为我们周围的空气好像并不存在，因为它并不像我们看得见的物体那样，占据着一定的空间。通过这个实验我们就可以知道，我们周围看不见的空气是真实存在于我们周围的，并且它占据着很大的空间。如果它无处可走的话，它也不会把这个位置让出来的。

这个实验的成功很直观地向我们解释了为什么人们可以在里面有大管道的沉箱或者水下的潜水钟里休息和工作。这个原理和我们在之前做的实验里水不会进入玻璃杯的原理是一样的。

10. 奇怪的对比实验

我们下面要说到的实验是非常容易完成的实验。这个实验是我在年少时期做的第一个物理实验。下面我们拿一个玻璃杯，将玻璃杯装满水，然后将装满水的玻璃杯用明信片盖住杯口，并且用手指轻柔地压住，迅速将杯子倒转过来（图39），再将手拿开，此时你会发现明信片没有掉下来，水也没有流出来。这个实验对纸片有个要求，那就是纸片是完全平直的。

图 39

当你做好了以上的步骤之后，你甚至可以将杯子从一个地方拿到另一个地方，即便如此杯中的水仍然不会流出来。如果你亲自试验的话，你会让你的熟人瞠目结舌，如果他跟你要水喝，你就用这种方法做一杯，当他看见你送过来的水是用一个底朝天的杯子装的，会表达怎样的感叹呢？

发生这种现象，究竟是怎么回事呢？纸片是怎么克服它上面的水压而保持不掉下来的呢？原因是空气从外部施加给纸片的压力很大，比杯中的水施加的压力大很多。

我之所以知道，是因为那个第一次向我展示这个实验的人是这么解释的，想要这个实验成功的一个秘诀是，杯里的水应该灌满，必须灌到直到杯子的最边缘。如果玻璃杯里只有一半多的水的话，玻璃杯空余的部分就被空气占据了。如果这样做实验，实验就可能会以失败告终。杯中的空气也会给纸不小的压力，因为杯里空气的压力与杯外的压力一样大，如此一来，纸片肯定会掉下来。

究竟会不会发生这种现象呢？口说无凭，眼见为实。下面我们就来亲眼看看纸片是怎么掉下来的，我决定再做一次实验。这一次做实验的杯子是一个没装满水的杯子，我们来看看这两次实验的结果是怎样的。纸片根本没掉下来，怎么会这样，这次杯子里的水不是满的啊！我又反复做了几遍，经过我反复的实验，最终我确信，半杯水的实验中的纸片和满杯水的纸片一样都可以保证纸片不会掉下来。

这次的实验对我来说非常重要，它教会我如何更有效率地研究自然现象。科学知识里的最高的法官应该是实验。无论理论有多严谨，它终究是个理论，需要我们用实验来检验。17世纪第一批研究者佛罗伦萨院士们有一个实验的准则，那就是"检验再检验"。这不但是17世纪做实验的准则，它也是20世纪物理学的准则。如果检验理论的时候发现实验不能证实该理论，也就是通过实验不能得到正确的结果，我们就应该探究，探究理论到底错在哪里了。

当初看起来那么可信的结果，经过实验却发现它是错误的。其实不难找到判断出现失误的原因。未装满水的玻璃杯被纸片从下封住的那一刻，我们非常仔细地把纸片掀开一个角，此时如果仔细观察，我们就会发现气泡穿过水里了。这个现象说明了什么呢？这个现象很有力地表明杯里的空气和杯外的空气被隔开了，不然外边的空气不会如此迫不及待地进入杯中水上的空间。这就是整个现象的答案：杯里虽然有空气，但杯子里的空气密度比杯子外面的空气低得多，所以压力也要比外边的小很多。当我们把杯子颠倒过来的时候，水会向下流，同时也会挤出部分空气，剩下的那部分空气扩散到原来的空间里，通过这样一个过程，空气就变稀薄了，压力也因此减小了。

通过这次的实验，你可以了解到，即便是最简单的实验，只要你足够耐心，认真对待，也能做出缜密的思考。这就是那些看似微小却能教你伟大的事情。

11. 硬币在水里会变湿吗

通过之前我们所做过的一些实验，我们可以发现，我们四周的空气对所有与它有接触的东西都有较大的压力。下面我们通过描述一个实验来生动形象地向你证明物理学家所说的"大气压"的存在。

首先我们准备一个浅碟子，在这个浅碟子里放一枚硬币，然后加水，将这枚硬币没入水中。实验规则就是要求不弄湿手指，也不能把水倒出来，仅用手把硬币拿出来（图40）。"这怎么可能做到呢？根本就是不可能的啊。"你或许会这样说。但是如果你是这样认为的，那么你就错了，下面我们就用实验来验证吧。

图40

实验需要准备一个杯子、一张小纸片。实验规则就是在杯子中点燃这张小纸片，当小纸片快要烧尽的时候，你把这个杯子倒扣在碟子里，紧紧地挨着硬币，但是杯子不罩着它。过了一段时间，杯子中的小纸片快要燃烧熄灭了，而杯子中的空气也开始冷却了。这时候你会发现随着杯子里的空气逐渐冷却下来，水就像是被杯子吸住了一样，过不了多久所有的水都聚集在了杯子里，实验做到这里，你就会发现碟子底也露了出来。

你需要耐住性子等一会儿，等碟子中的湿硬币变干，你就可以用手把硬币拿起来了。

这个现象的原因非常简单。当杯中的空气烧热之后，它会像所有被加热的物体一样，迅速膨胀起来。由于空气的膨胀，一部分空气就会被排到外边去，当小纸片燃烧殆尽，杯子里的空气随着温度的降低，体积开始缩小，此时杯子中的空气就不足以维持它在冷却状态时与杯外边平衡的大气压力，因为杯子里的空气被排出一部分，所以杯子下的水面每一厘米受到的压力要比没有杯子罩住时小得多。也就是因为这样，外边的水才会被杯子内外的气压差压迫着涌入杯中。事实上，水并非是被杯子"吸"过去的，而是从外面挤压进去的。

当这个实验结束了，你或许就会明白发生这一系列现象的原因是什么了，你也会明白，在这个实验中，纸片和酒精棉并不是必需品，你也可以烧些别的东西，只要它是能够燃烧的就行。你也可以用开水涮杯子，实验同样可以圆满完成。你只需要加热杯子里的空气就行了，至于加热空气的方法，这里并没有限制。

下面我们来介绍一种简单的办法做这个实验，你在一个茶碟里倒一些茶，并将茶事先冷却好。当你喝完茶以后，趁着茶杯的热度还在的时候，快速将它倒扣在茶碟上。一分钟过后，你会惊奇地发现茶碟里的茶全都流进杯子里面了。

12. 降落伞漂浮原理

我们今天要做的实验非常有趣，用纸做一个横截面犹如几个手掌那么大的圆圈，在圆圈的中间区域剪出一个有几个手指那么宽的小圆。做完上边的步骤我们需要在大圆的外沿穿过小孔系上一根细线，并且确保每根线都是一样长的，然后我们就可以将所有的线头系在一起，挂上一个重量较轻的负荷（图41），这就是降落伞的所有装置了。虽然我们做的是个小型的降落伞，但我们要知道，对于那些碰到突发情况紧急跳伞的飞行员来说，这样的降落伞可是救命稻草。

想要检验我们做的微型降落伞是否安全可靠，可以把它从高层建筑物的窗户上

图41

面扔出去。拴在降落伞底部的负荷会拉紧线，此时你会看到圆纸撑开了，降落伞就这么轻飘飘地朝下降落，最后安全着陆。当然这是在没有刮风的条件下完成的。而如果有风，即便是很小的风，你所做的降落伞也会被往上吹，离楼房越来越远，最后你的降落伞会降落在非常遥远的地方。

其实，你的降落伞越大，你能挂的负荷就可以更重，带有负荷的降落伞较难被风吹走，如果在风和日丽的天气里，降落伞就会缓慢地落地。

降落伞为什么能在空中保持这么长时间呢？或许聪明的你可以猜出原因，是空气阻止了它降落。如果负荷没有系在圆纸上，那么根据科学依据它应该早就落地了。圆纸将降落物体的表面面积扩大了，但是重量却几乎没有变化。物体的表面面积越大，受到空气阻碍作用的效果就越明显。

朋友们，如果你清楚了这点，你或许就会理解生活中灰尘会飘浮在空气中的原因了。有些人认为：灰尘能在空中飘浮是因为灰尘比空气轻。然而这种想法是完全错误的。

灰尘到底是什么呢？我来告诉你们，其实灰尘就是石头、金属、树木、土壤、煤等物质的非常细微的一部分。而且你要知道，这些组成灰尘的物质比空气重几百几千倍。按照科学的计算：同体积的木头是空气重量的300倍，石头是空气重量的1 500倍，而铁则是空气重量的6 000倍，等等。像这样的例子数不胜数。按照上边所说的，灰尘的重量并不比空气轻，它们的重量比空气重很多倍，那为什么木屑既可以漂浮在水里又可以飘浮在空气中呢？

事实上，任何物体（无论是固体还是液体）的尘埃都应该马上掉进空气里或者水里，并且应该"沉没"在里面。事实上，它们是在下落的，只不过这些物质下落的方式犹如我们做的降落伞一样。主要的问题在于，微小的物质的表面并不像它自身的体重那样快速地减小。我们可以用简单一点的方式说明，最微小的物质拥有的表面面积相对于其自身的重量要大得多。如果我们拿出一粒散弹和一颗圆形的弹头来做比较的话，我们会发现，其实圆弹头比散弹重100倍，然而散弹的表面面积却比圆弹头的小10倍。这也就说明，散弹的表面面积相对于自身的重量，要比圆弹头的表面面积大10倍。如果你仔细想象一下，散弹持续地缩小，缩小到比子弹还要轻100万倍，那么它就会变成一粒铅灰尘。然而这颗灰尘的表面面积相对于自身的重量的话，要比子弹的表面面积大1 000倍。这也就说明了空气阻碍子弹的运动要比阻碍散弹的运动弱1 000倍。正因为如此，它才会飘浮在空气中，我们只能勉强看到它的降落，然而如果此时有风的话，哪怕只是一阵微风，它也会被带走。

13. 蛇可以转动不停吗

　　我们将结实的纸或是明信片剪成一个类似于杯口大小的小圆圈。然后我们用剪刀按照螺旋线形剪出一个蜷曲起来的蛇形。剪完后我们在

一个插有软木塞的尖针上挂上蛇的尾端，轻轻按压一下蛇尾，这样就可以在纸上形成一个小凹坑了。此时我们会看到一条垂了下来的蜷曲起来的蛇，颇有一番螺旋形楼梯的感觉（图42）。

　　我们现在可以拿做好的蛇来做实验了。我们将做好的蛇放到打着的煤气炉的旁边，此时，我们会惊奇地发现，蛇开始转了起来，并且它是在

图 42

有规律地转，炉子越热，它的旋转速度就越快。它并不仅仅局限在一个火炉的旁边。只要是在发热的物体旁边都会旋转，而且它会一直转，不知疲倦，但是这里有一个前提，那就是旁边的物体需要时刻保持发热状态。倘若我们用线和钩子将蛇的尾部挂在一个煤油灯上面，它旋转的速度会快得惊人。（图43）

　　我们只是用一张简单的纸做了一条蛇，为什么蛇的旋转会如此之快呢？你见过风车吧，风车仅靠自然风就可以转动。这条纸蛇之所以会转

动就是因为这种气流的存在。

事实上，在每个加热的物体周围都存在上升的暖气流。那么为什么会出现这个气流呢？这是因为空气受热的时候会和所有物体一样，当然除了冰水，此时会发生膨胀现象，也就是空气逐渐变得稀薄，而稀薄的空气也就是变得比原来轻了。你想想看，这里的空气变轻了，周围密一些的冷空气自然就会压它，从而来占据变轻的空气的位置，这样就会迫使热空气上升。接下来就类似于循环了，同时这些冷空气紧接着也会马上加热，与第一批空气被加热后的命运一样，这一批热空气也会被新的冷空气挤走。每一个受热的物体都伴生着上升气流，而且我们也可以感觉到只要物体比环绕它的空气热，这个气流就会一直存在。简单点解释就是，每个发热的物体都朝上吹着一股风。而我们做的纸蛇是很轻的，当纸蛇受到热风吹的时候，我们的纸蛇弯曲的身子就会让它自身不停地旋转，这个原理就和风车的叶片一样，很神奇。

图43

根据这个原理，我们还可以做一个纸蝴蝶，让纸蝴蝶不停地旋转。那会多好看呢？下面我们就用卷烟纸做一只纸蝴蝶。让我们从中间把纸蝴蝶系上，然后我们用一根很细的线把这个纸蝴蝶吊起来。如果我们把纸蝴蝶吊在灯的上面，在灯光的照射下，这个蝴蝶转起来就像活的一样，非常美丽。不但如此，纸蝴蝶的影子还会投在天花板上，这更能加强纸蝴蝶旋转的效果。如果一个人恰好不知道这是根据什么做出来的，那么，这个人会觉得他的房间里飞进来一只大黑蝴蝶，当他看到这一幕的时候，他会如此感叹，这是多么神奇啊！

除此以外，我们甚至还可以把一根针插在软木塞上，然后我们把用纸剪好的蝴蝶放在尖尖的针上面，也就是把蝴蝶的中心放到针的上面。

如果在这个蝴蝶的旁边有一个发热的物体，那么这个蝴蝶就会飞快地转起来，哇，真好玩啊！

在我们的日常生活中，几乎时时刻刻都能遇到空气受热膨胀而形成的上升的暖气流。我们应该能够有所注意，其实暖气房里最暖和的空气都聚集在天花板边，而恰恰最冷的空气流向地板。如果到了寒冷的冬天，房间还不够暖和时，我们觉得偶尔有冷风吹向脚部，总感觉很冻脚，就是这个原因导致的。如果供暖人员把暖气房通向冷房间的门稍微打开点，这个时候你就会发现冷空气从下面涌入，暖气反而则会从上面涌出。我们可以通过蜡烛的火焰看出气流的流动方向。而如果你希望暖气房里保持一个比较高的温度，你就得把门的缝隙挡住，防止冷气进来把热空气排出。为了挡住门缝，你可以用地毯或者一些废弃的纸把缝堵住。如果堵住门缝，此时暖气就不会受到下面的冷气的挤压，因此，热气流也不可能从房间上面的缝隙里跑出去。这个时候你就可以享受房间的温暖了。

我们在生活中通过仔细观察可以发现类似的现象，例如炉子上面的烟囱的吸力就是上升的暖气流的具体体现。

其实如果你仔细思考，我们还可以以此联想到大气层里面的暖气流和寒流，谈谈季风、微风、信风以及类似的风。好了，这些就留给你自己思考吧。如果你认真思考，你会发现很多有趣的事情呢！

14. 水也会膨胀

在冬天想要获得一瓶子冰应该很容易吧？因为冬天室外的温度是很低的。在这样的环境下，你需要做的只是往一个瓶子里灌满水，然后把装满水的瓶子放到窗户外面，剩下的事情留给寒冷。当瓶子里的水结冰，那么满满一瓶子冰就做好了。

事实上，如果你真的动手做了整个实验，你就会发现，其实，整个实验过程所经历的步骤并非这么简单。瓶子里的水确实变成了冰，但是你会发现瓶子已经报废了：因为冰把瓶子撑破了（图44）。这样会引发我们的思考，为什么会发生这样的事情呢？原来，当水在很低的温度下结冰的时候，此时水的体积就会明显变大，水结成冰后的膨胀会以不可承受的力量继续演变。此时，塞住的瓶子会爆裂，没塞的瓶子的瓶颈还会被膨胀的冰折断，当瓶颈里的水被冻成冰后，冰塞就形成了，紧紧地塞住了瓶子。

图44

你可能想不到，水结成冰的膨胀力可以撑开金属，不过有个前提条件，这个金属不能太厚。在寒冷的天气条件下，水可以将5厘米厚的铁质炮弹壁撑裂。如果水管里尚有剩余的水没有得到及时处理的话，那么水管里的水结冰并且撑破水管也就不足为奇了。

由于水在结冰时会膨胀，因此这就解释了另外一种现象，即冰在水里漂着而不会沉入水底的原因。假如水变成固体时变小了——其他大部分液体也是这样的——那么在水里的冰就无法漂浮在水面上，而是沉入水底。如果是这样，那么冬天带给我们的乐趣和欢乐就会少很多。

15. 切冰块的完美方法

众所周知，几块冰在压力作用下会冻结在一起，但这并不意味着，几块冰在受到压力作用的时候会冻得更厉害，而刚好相反，在强压的作用下，冰是可以融化的，假如将融化的冰水的压力解除，水又会重新结成冰。因为水结成冰的一个条件就是水温低于0℃。如果我们挤压几块冰时，此时冰块相互接触的部位就会受到强烈的压力，从而使冰块融化，在零摄氏度以下就变成了水。而此时水会流向接触部位之间的小缝隙里，由于水在缝隙里不会受到那么大的压力，此时水就会马上结冰，这时我们就会看到几块冰变成了一整块。

正如先前我们所说的，我们需要用实验来证明。我们需要准备一条长条冰砖，把冰砖的两端架在两个板凳之间，你还可以尝试用别的什么方式把它架起来。然后，用纤细的钢丝（长80厘米、直径0.5厘米）横搭在冰砖上，然后你将两个熨斗或是质量为10千克的重物系在钢丝的两端（图45）。因为是被重物拉着的，冰砖会被钢丝切入，然后钢丝缓慢地切过整块冰砖。通过观察我们发现，冰砖并没有断裂下落。事实上，冰砖上没有任何受到切割的痕迹。

图45

在钢丝的压迫下，冰融化了，但冰融化后的水会来到钢丝的上面，并且钢丝将不再对它产生压迫，说得更明白一些，当下面的冰层被钢丝切割时，上层的冰又开始结冰了。

当你做实验的时候，你会发现在自然界当中，冰是唯一可以用来做这个实验的物质。正是因为这个原因，在寒冷的冬天，人们可以在冰面上滑雪橇或者滑冰。滑冰者把自身的全部重量都压在了冰鞋上，在这样的压力的压迫下，冰开始融化（前提是冰冻不是很厉害），便于让冰鞋在上面滑动。冰鞋滑到另外一个位置，那么那里的冰也会出现融化现象。事实上，无论滑冰者的脚滑到哪里，他都会把冰鞋下面那层薄冰变成水，而水解除压力后，又会重新结成冰。所以，无论冬天里的冰有多干燥，只要它在冰鞋下，就会融成水，我们感觉冰很滑就是因为这个原因。

16. 声音的神奇传播

你亲自观察过砍树的人吗？或者观察过在远处砸钉子的木匠吗？通过观察你会有重大发现，当斧头砍进树或者锤子砸钉子的那一刻，产生的声音并不会立刻传过来，而是稍晚些。此时斧头和锤子已经被再次举起或拿起了。

你不妨再观察一下，你需要后退或是前进一点，经过数次测试后，你就能够找到一个最佳的位置，在这个位置上你看到的斧头砍树或是锤子砸钉子和你所听到的声音是保持同步的。但是如果你重新回到之前的位置，你会发现声音又不同步了。

通过反复的测试之后，你或许可以揭开产生这种现象的谜底了。毋庸置疑，光一瞬间就能跑完这段距离，而声音从发生地传到你的耳朵里需要一定的时间。所以当声音在空气中移动，朝你的耳朵里传播的时候，斧头或锤子已经将下一个动作完成了。我们此时是在用双眼观察耳朵听到的事情。这个时候你会发现，砍树的声音和动作是不一致的，反而当你把工具上举的时候，可以听到声音。但如果你前进或后退到斧头一次砍击时间内声音所经过的路程，那么当声音传到你的耳朵的那一刻前，斧头刚好重新下落。此时，你听到的看到的保持一致，只是它们是不同的砍击，你所看到的是最近的一次砍击，然而你听到的砍击是上一次甚至是更早的一次砍击。

那我们就留下了一个疑惑，在1秒钟的时间内，声音究竟能在空气里移动多远的距离呢？其实，这个距离已经被科学家们精确测量过了。科学家们计算出了声音走1千米的距离约需要3秒钟的时间。如果我们做一些推论，假设砍树的人1秒钟挥动斧头两次，你走到距离砍树人160米的位置，此时，就可以让砍树的声音和他的举起动作同步了。而光在空气里每秒的传播速度是声音的将近100万倍。这回你就可以明白一些事情了，我们几乎可以用光速来测地球上所有的距离。

对于声音的传播方式，或许我们可以了解到，不但空气可以成为声音传播的介质，其他气体、液体和固体都可以成为声音的传播介质。但是有些科学理论是我们必须要了解的，那就是声音在水里的传播速度比在空气里约快4倍，因此当我们潜水的时候就能够听清各种各样的声音了。工人在水下沉箱里工作的时候可以非常清楚地听见岸边的声音。同样的道理，一些有经验的渔夫知道怎样不让鱼跑开，也是因为这个原因。

有些硬的固体材料也有很好的声音传播性能，例如生铁、木头、骨头这些材料传播声音的质量非常好，而且速度也会更快些。你可以亲自做一些实验，比如把耳朵贴着一块长方形木块，然后让你的同伴在另一头用一根小木棍敲打，这个时候你将会听见通过长木传过来的敲打声。如果你们在一个密闭的环境中做实验，没有其他声音干扰，你可以把一个钟表放到另外一头，这时令人惊奇的是，你在木条的这一头甚至可以听见钟表的嘀嗒声。并不是只有我们说的这些东西才可以传播声音，事实上，在生活中，铁轨、方木、铸铁管甚至土壤都能较好地传播声音。也就是说，生活中的很多的东西都可以传播声音的，例如把耳朵贴在地上，你可以听见汽车发动机的声音，而如果声音是靠空气传播的，你会发现要很久才能够传过来。在战争年代，很远的大炮发射炮弹的声音靠空气完全传不过来，如果你想要知道敌人的动态，你就需要将耳朵靠着地面，从而用更短的时间听到声音。

当然也并不是所有的固体都可以很好地传播声音，如果你细心地观察生活中的一些东西你就会发现，柔软的织物、酥松无弹性的材料非常不利于传播声音，相反，它们是吸收声音的。在有些家庭里面，如果不想让声音传到隔壁房间的话，有些人会在门上挂厚帘子，而有些家具是很利于声音传播的，那么在家里铺上地毯就是一个隔音的好办法。现在相信你会更加了解声音的传播方式了吧。

17. 你想不到的传声介质

通过我们上一次的实验，其实，我们已经了解了声音是如何传播的，我们也认识了很多的传播材料，其中骨头就是一个很好的声音的传播材料。可能大家会对这一点非常感兴趣，也很想确认自己的颅骨是否具有声音传播的特点。如果要做实验来验证的话，那么你就要用牙咬住台钟的耳环，与此同时还要用手捂住耳朵（图46）。这时候你会感到很意外的，因为你将会听见钟摆轮的声音，事实上，你不但可以听见，还可以听得非常清楚。其实根据声音在不同的介质传播的快慢不同，你就会发现指针的嘀嗒声要比通过空气传到耳朵里的声音更加响亮一些。那么你会问：声音是怎么传播的呢？事实上，这些声音是通过你的头骨传到你的耳朵里的。

这个实验对我们来说是非常有意思

图46

的，因为对任何人来说都是不可思议的，颅骨可以传声，而且颅骨传声的效果还不错。哈哈，这可让我们大开眼界了。这一回，我们把一个勺子系在细绳的中间，然后把绳子两端空出来。然后我们把绳子两头分别用手指塞到耳朵里，然后再用手捂住耳朵，身子稍微向前倾，让勺子自由地甩动，然后你可以让勺子和某个物体碰撞。这样你就可以听见很低的嗡嗡声，如果你不仔细地听，你还可能会以为是钟的响声呢。

如果你把勺子换成一个三角铁，你就会听见更加清楚的响声了。

18. 变形的影子

"昨天我发现了一件非常有趣的事情，你想不想知道？我可以带你去玩啊，可好玩了。"哥哥很兴奋地对我说，"赶紧的，很好玩的，就在隔壁房间里，走，我带你去看看。"

我和哥哥来到了隔壁的房间，房间很久没有人住了，有点黑。哥哥拿了一根烛火，我们伴随着微弱的光出发了。虽然我感觉很害怕，但是有哥哥在，我还是很勇敢地迈着步子向前走，走着走着我们来到了第一个房间，我不知道那里面会有什么，哥哥安慰我，并告诉我什么都没有。听了哥哥的话，我才大胆地打开了门，然后鼓起勇气走进了第一个房间。"啊！"我大声喊着，刚进入房间，我就被吓呆了。因为当我进入房间后，我发现墙那边一个很丑的怪物在看着我。那个怪物很大，有点扁，我被吓坏了。

从我身后传来哥哥大笑的声音。此时，我看了看哥哥，充满疑问：他难道就不害怕吗？

哥哥对我说："你仔细看一下就知道是怎么回事了。"原来是墙上的镜子在作怪，再加上哥哥的蜡烛的光，才导致这样的。墙上的镜面贴有眼睛、鼻子、嘴巴的纸，贴得很严实，而这个时候哥哥用蜡烛光对着它，此时让镜子这一部分的反射正好和我的影子重合（图47）。两个影子重合到一起，看起来就像一个怪物一样。我这才松了口气，原来是这样。

图 47

现在我有点儿尴尬，居然自己被自己的影子吓到了。

后来我经常拿这个来吓我身边的朋友，但我成功的概率很小，总是在过程中出错。后来我才发现，原来要想把镜子摆为需要的样子并不是那么简单的事情。一开始我还以为是自己不够仔细呢，可是我又实验了很多次，还是有很多次的失败。所以每次做实验的时候，我都会练习很多次。因为，哥哥告诉过我镜子反射烛光是按一定规则进行的，那么我要想更好地实现这个实验，我也需要理解这种规则。这个规则就是镜子以何种角度碰到光，你就要以何种角度反射光。当我了解了这一点以后，我就会有很多的思考，该怎么样把蜡烛对着镜子，才能够让亮点正好落在所需要的阴影位置。

19．测光的亮度

你把一根蜡烛放到距离你比原来远一倍的距离之外的地方，这时候你会发现，蜡烛的光的亮度要弱些。但是蜡烛的光究竟是弱了多少呢？是一半的差距吗？不对。在离原来两倍远的地方放两根也达不到原来的亮度，只能放两根的2倍，也就是4根蜡烛才行。在3倍的距离处，也并非放3根，而是得放3根的3倍——9根，以此类推。

这同样表明了一个有趣的推理，在两倍距离处亮度要减弱为原来的$\frac{1}{4}$，在3倍距离处减弱为$\frac{1}{9}$，在4倍距离处减弱为$\frac{1}{16}$，在5倍距离处就要减弱为$\frac{1}{25}$。这就是光亮度减弱规律。根据这个规律，也同样可以发现声音的衰减规律，在6倍距离处减弱为原来的$\frac{1}{36}$。

当我们知道这个规律以后，就可以利用这个规律来比较两盏灯的亮度了。现在给你一个案例，你来计算一下灯比普通蜡烛要亮多少。

把灯和点燃的蜡烛放在桌子的同一端，而在桌子的另一端笔直地放置一张白硬纸片，在纸片前面的不远的地方笔直地竖一根小棍。此时你会发现在纸片上会投射出两个阴影，一个来自电灯，另一个来自蜡烛（图48）。这两个阴影的密度并不同，因为照射物一个用电灯，而另外一个用蜡烛。下面，把蜡烛慢慢地移近，当两个阴影的暗度很相像时，就表明电灯的亮度和蜡烛的亮度在这种情况下是相当的。接下来只要测量出电灯离纸片的距离与蜡烛离纸片的距离，根据比值就可以确定电灯是蜡烛亮度的多少倍了。如果电灯离纸片的距离是蜡烛离纸片的4倍，那么电灯的亮度就是蜡烛亮度的16倍。

下面我们利用纸上的油渍来比较两种光源的亮度。从背面用光照这个油渍，这油渍是亮的，从前面照的话，看起来是黑的。把两个被比较光源放在油渍的两边不同位置，使得被照的油渍从两边看起来一个样。

之后只需要测量光源与油渍的距离，用之前提到的方法计算即可。

图 48

如果想观察得更加清楚，最好把带油渍的纸放置于镜前，可以直接看到两面。

20. 你见过朝下的头吗

今天的故事就从伊万·伊凡诺维奇开始。他走进了一个房间，但是这个房间很令人感到恐惧，整个房间由于护窗板关着而一片漆黑。但是有一处很特别，那就是房间的窗板上有一个挖的洞眼，白天的时候阳光透过窗户，就会变成彩虹般的颜色照射在对面的墙上，形成了一幅风景画，画里有茅草屋顶、树木以及挂在院子里的衣服。但是唯一有一点很不好，那就是这一切都是倒着的。

有这样一本书，书的名字是《伊万·伊凡诺维奇和伊万·尼基福罗维奇吵架的故事》，下面我们就来仔细探究一下这个奇妙的故事。如果你的家里面有间带朝阳窗户的房间，那么你做起实验来就很方便了。这个房间对于你来说就是一个很现成的物理仪器，用拉丁语说，这就是一个"暗室"。在护窗板上钻一个小孔，选一个阳光灿烂的时间段，把护窗板和房间里所有的门都关上，然后在小孔的对面，离它远一点的位置放一张床单，做好一个"屏幕"。做完这一步，你就可以在房间里欣赏美景了，外边的景色会通过这个小孔照在屏幕上。在这里，你可以看到房子、树木、动物、人等，但是和前面的一样，图像都是倒着的：房间的屋顶会朝下，人的头也会朝下（图49）。

图 49

这个实验说明光是沿直线传播的，从物体上部照射来的光线和下部照射来的光线会在护窗板小孔处交叉，光线继续前行造成上部的光线成了下部的光线，而下部的光线又成了上部的光线。如果光是斜着走或者折着走，那就完全是另外的结果了。

另外，无论小孔的形状如何，都对屏幕成像没有影响。无论孔是圆的、三角的、四角的、五角的还是别的样子的，在屏幕上面显示的图像都是一样的。

在森林浓密的树下会观察到一些椭圆形的光圈，这是由于光线透过树叶之间的间隙而映射出来的太阳的图像，这些光圈类似圆形，因为太阳是圆的。而光圈斜着落在地上，导致被拉长，于是就成了椭圆形。如果你将纸片垂直对着阳光放置，你将会在纸片上得到完全圆的光斑。日食的时候太阳会变成一个明亮的镰刀形，树下的圆斑也会变成小镰刀形。

照相机照相的那个仪器就类似于暗房，在小孔处嵌入了一个机关，可以让成像更加明亮清晰。如果在暗室的后壁嵌入一块磨砂玻璃，就可以在它上面得到倒着的图像。摄影师照相需要用黑布盖住相机和自己，不让别的光线干扰眼睛，方便细看图像。

你也可以自己做一个类似的相机镜头。找一个比较长的封闭箱子，在它的一面箱壁上钻一个小孔，把小孔相对的箱壁取下来，放一张油纸。做完上面的步骤，把箱子放入黑房间，让它的孔对着护窗板上的孔，这样就可以看到外边的世界了，当然图像仍旧是倒立的。

有了暗箱以后，你可以看的位置就不再有局限性了。你可以把它带到你想要去的任何地方，只需要用块黑布盖住你的头和暗箱。只要没有别的光线干扰，你就可以看到图像。

21. 颠倒的大头针

我们在上一节中说到了暗室，关于暗室我们说了它是怎么做成的，但是有一点我还没有告诉大家。其实我们每个人身上都有两个小暗室，那么你知道是在哪里吗？如果你不知道，那就让我来告诉你吧：是你的两个眼睛。因为我们的眼睛的构造和我们做的那个暗箱是类似的。千万不要以为我们的瞳孔是眼球上的黑圈，它是通向我们视觉器官黑暗内部的小孔。瞳孔的外面被裹着一层透明的膜，膜的后面紧贴着透明的有着双凸玻璃样子的"晶体"，膜的下面覆盖着凝胶状的透明物质，而整个眼球内部——晶体后到后壁都充满着透明的物质（眼球的剖面图见图50）。虽然眼球有这么多的构造，但这一切都不妨碍眼球成为一个暗室，反而，眼

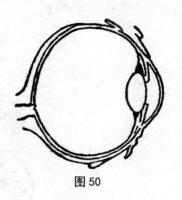

图 50

球是一个更加完善的暗室，所以我们的眼球所得到的图像都是明亮而清晰的。这些图像在我们眼球的底部非常细小，例如，在生活中，如果我

们看见20米以外的一根8米高的电线杆，我们的眼球底部就会形成一根极细的大约为半厘米长的细线。

最有趣的是，虽然眼球得到的所有图像和在暗室里的一样都是倒着的，但是事实上，我们看见的物品仍然是它本来的样子。那么这又是什么原因呢？经过探究发现这个转换的发生是由于长时间的习惯所造成的，我们的眼睛会将我们看到的图像都调整到它的自然状态。

可能有些人会对这些表示怀疑，但是什么都是可以通过实验来验证的。如果我们尽量让眼球底部获得的图像不是倒立的，那么此时我们将会看见什么呢？因为我们的眼睛已经习惯了把我们看到的图像倒过来了，这也就是说，我们看到的图像就应该不会是顺的，而是被颠倒的图像。现实生活中也是这样的。

下面我们来做一个实验，来更加明确地说明这一点。

在实验前，我们先准备一张纸，然后我们用大头针在纸上钻一个孔，然后我们就把这张纸对着电灯，让纸片离我们的右眼大概10厘米远。用手拿着大头针在纸片后面，让大头针的头正好对着纸片的小孔。这个时候你就会看见大头针好像就放在了纸片的后面，这里面有很重要的一点就是大头针是倒着的。图51就是这个实验的结果。这里面会有一个非常奇怪的现象，那就是如果你把大头针往右移动，而你的眼睛就会觉得大头针向左移动。

图51

可能很多人都会疑惑，在这样的一个条件下，大头针在眼球底部形成的图像是顺的，这多么奇怪啊！其实，卡片上的小孔在这里面有一个作用，那就是起到一个投射大头针影子的光源的作用。我们看到的这个影子投射到瞳孔的时候，它的图像不是倒的，一个主要原因就是它离瞳孔太近了。而在我们眼球的后壁我们会得到一个明亮的小圈，这个小圈就是卡片上小孔的图像。我们之所以会认为大头针不会是倒着的，是因为在我们的观念中，这种现象就是根深蒂固的。

22. 用冰点火

当我还是小孩的时候，我就喜欢看我哥哥用放大镜点烟。把放大镜放在阳光下面之后，你会发现一束很耀眼的光，把这个光点对着烟头，没多久就会发现烟头开始冒烟，最后你就会惊奇地发现烟被点燃了。其实，对于这一点，我并不感到很惊奇，最多也就感到有些有趣。因为放大镜对光有聚焦的作用，所以烟头才会被点燃的。但是哥哥突然对我说："用冰也可以把纸点燃的。"

"用冰把纸点燃？这怎么可能，这不符合常理啊。"

哥哥笑了："如果单单用冰去点火，这当然是不现实的事情了，但是我们这里用的冰只是充当一个介质。我们用冰可以收集太阳的光线，而这个就如同放大镜一般。"

"那你是想用冰来做点火玻璃吗？"

"你想的也太离谱了吧！谁也不可能用冰来做玻璃啊。虽然我们不能用冰来做玻璃，但是如果我们用冰来做一个透镜，这个是很容易的。"

"透镜？透镜是什么？"

"放大镜这样的就叫作透镜，圆的，外边薄中间厚。"

"当我们做成这样后，我们就可以用它来点火了？"

"这样就可以点火了。"

"无论你做成什么形状，但是本质没有变啊，冰还是冰啊，怎么可以用来点火呢？"

"这并没有很大的关系啊。如果你想的话，那我们就试验试验吧，看看可不可以。"

本来哥哥让我找一个盆子米，等我拿来后，哥哥反而又不用了："这个盆子的底是平的。我们需要的是不平的底的。"

图 52

后来我放弃了这个盆子，为了试验的顺利进行，我拿来另一个盆子。这回的可以了。哥哥往盆子里倒满清水，然后放到冰箱里面，准备把它冻成冰（图52）。

哥哥说："让盆子里面的水整个地冻成冰。这样我们就有了冰透镜，这个镜子一面是平的，而另外一面是凸的。"

"但是我们需要用这么大的吗？这是很大的一个盆子啊。"

"当然了，你不知道，这个实验中，需要的这个冰要越大才会越好，因为这样可以把更多的阳光聚集到一个点上。"

为了将实验的道具快点做好，我们把冰箱的温度调到了最低的温度。过了一段时间，我们去看冰箱盆子里面的冰，发现它已经冻好了，可以做实验了。哥哥看着这块大冰块，非常满意，他认为这是一个很棒的透镜。

本来冰做好了，以为终于可以动手做实验了，但是这并不是个简单的活。不过无论怎样都难不倒哥哥，他把结冰的脸盆放到了另外一个装满热水的盆子里，这个时候盆子边上的冰很快化了。然后我们就把脸盆端到了院子里面，把做好的透镜放到了一块板子的上面。

"今天天气不错。"哥哥眯着眼睛看着太阳，"看来这是一个最适合点火的天气了。来，拿着烟。"

我很小心地拿着烟，此时哥哥用两只手端起了我们用冰做好的透镜，然后开始把它对着太阳。就是这样的一个步骤让他试了很长时间。最终哥哥终于把透镜最亮的光聚在我手中的烟上（图53）。当光点停

在我手上的时候，我感觉它确实很
烫。就在那一刻，我发现哥哥是对
的，已经不再抱有怀疑，因为这个
真的可以实现。

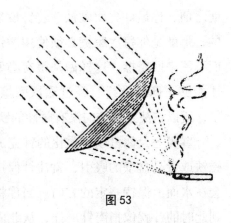

在我们实验的时候，当光停在烟
头上大约一分钟时，我们就看到烟
头慢慢地燃烧起来了，冒起了浅蓝
色的烟。

图53

　　"你看到了吗？这一次我们可是
用一块冰把烟点燃的。"哥哥把点燃的烟叼在嘴里，说，"如果你掌握
了这个方法，去极地探索的时候，即使没火柴也可以将柴火点燃。"

23. 受了魔法的针

　　通过前面的一些实验，你们已经懂得了很多做实验的方法，例如你
们可以让针漂浮在水面上。但是在原来做实验的时候都是有人引导你们
来做的，这一次的实验就请你们自己思考并且来做一个好玩的、更加新
颖的实验吧。在做实验前，你需要找一块磁铁，无论什么样的都可以，
只要是磁铁就好。当你找好磁铁以后，你就把它靠近一个漂浮着针的小
盆，此时你会发现针会游向盆壁的方向（图54）。

图54

　　如果你真正动手做这个实验，你就需要注意了，因为你把针放到水

面之前，你最好先用磁铁顺着针反复地摩擦几次。这里的摩擦是有规则的，那就是你每次摩擦必须使用磁铁的一端，并且还要一个方向摩擦，而不能来回摩擦。这样做是很有必要的，因为只有你做好了这些，实验才能够正确地进行。经过磁铁摩擦的针也就成了磁铁，因为针被磁化了，所以它甚至会游向没有磁性的铁质物品。

事实上，你可以用磁化的针完成很多有趣的实验。如果针没有受到磁铁或者是盆壁的吸引，就让针保持着它最原始的状态，这个时候针就会在水面上保持一定的方向。当你将实验做到这儿的时候，你就会观察到此时的针就像指南针一样，从北向南。如果你给小盆一个力，小盆开始转动，但是此时的针方向还是一端指向北边，一端指向南边。那么如果你用磁铁的一极靠近针的一端，这个时候，针不一定会被磁铁吸引，而可能掉个头，用它相反的一极对着磁铁。这就是物理学中，两个磁铁相互作用的现象。它们之间的规则是：异极相吸，同极相斥。

通过这次的实验，我们大体上了解到了被磁化的针的运动规律，当你发现这个的时候，你就可以用纸做一个小船，把磁化过的针藏在船舱里面。这样，你可以让不了解其中因果的同伴惊讶不已：你不需要去碰小船，但是小船的运动你却可以完全掌握，无论怎样它都会听从你的安排。当然，你也要有一块磁铁，并且要偷偷地藏起来，不让你的同伴发现。

24. 磁力引发的表演

生活中有很多应用到磁力的地方。下面我们就来举出一个很好的运用磁力的例子吧。你看图55是什么呢？有人会说这是一个剧院，而有些人则会说这是一个马戏场。因为这个东西从外面看确实很像一个剧院的舞台，但是你也要仔细地看看里面。我们可以从图上看到两个钢丝上的舞者，当然这些可不是真的舞者，这些东西都是我们用纸剪出来的。

图 55

　　但这个场地并不是我们用剪刀剪出来的，而是用硬纸片搭出来的。我们在这个场地的下部分绷了一根金属丝。然后在舞台上方固定了一块磁铁。

　　一切的外在条件现在我们已经准备好了，现在我们需要来制作图中所出现的表演者了。我们根据舞台角色的设置，用纸剪出各种姿势的演员。当然做这一步也是有条件的，那就是我们剪的演员的长度要等于针的长度。然后我们把针粘在它们的身后，然后用胶来固定它们的身形。

　　每次表演的时候，演员都会表演走钢丝什么的。而当我们做完这一切之后，我们也可以把我们剪好的东西放在"钢丝"上，这回你就会发现，它们不仅不会倒，而且因为受到了磁铁的吸力还会直立停在上面。如果你轻轻抖动金属丝，你就会发现这些钢丝上的舞者复活了。它们可以做各种各样的动作，但是无论它们怎么做，这些剪好的舞者都不会失去平衡。

25. 带电的梳子

哪怕你对电学一无所知或是只了解它的皮毛，但你依然可以做一个非常有趣的关于电的实验，而且这个实验确实很有趣，并且可以帮助你了解日常生活中的一些现象。

其实无论做什么实验，我们都是需要一定的实验环境的，这个实验也是如此。这个实验最好的时间和地点就是在寒冷冬天里供暖效果很好的房间。这一类的实验只有在干燥的空气里才能成功，而冬天被加热的空气要比夏天同样温度中的空气干燥很多。

说了这么多，现在我们来做实验。还有一点你也需要有所注意，那就是你得用古塔胶制的梳子梳完全干燥的头发。如果你确实处在暖气房里，而且屋子很安静，你就会听到梳子梳头时发出的噼里啪啦的响声。你的梳子由于和头发的摩擦而带电了。

古塔胶梳子梳头发摩擦可以带电，它摩擦干燥的毛料也同样会带有电的特性，甚至程度更高。这些特性多种多样，首先就是会吸引轻物体。如果你把一个摩擦过的梳子靠近碎纸屑、塑料纸、接骨木果仁粒等类似的比较轻的物质，那么你就会发现所有的这些轻的物品都被会被带电的梳子吸起来。若用较薄的纸做一艘小船，然后将它放在水面上，你甚至可以借助带电的梳子来控制小船的运动。

现在，可以让实验更加有吸引力。这次，在一个干的小高脚杯里放一枚鸡蛋，并在鸡蛋的上面平衡地放一根长尺。当带电梳子接近长尺某一端时，它会有一个避开的动作（图56）。你可以让它很听话地跟着梳子运动，向左、向右、转圈都可以。

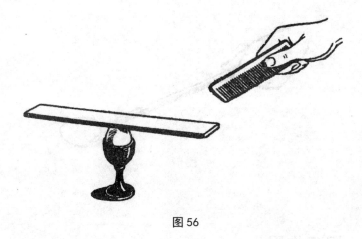

图 56

26. 听话的鸡蛋

上一个实验中，我们在一开始做实验的时候，就准备了带电的梳子。其实你不只可以通过梳子来证明电的特性，也可以通过别的物品来证明。火漆棍摩擦法兰绒或者毛料衣物会使火漆棍带电，玻璃管或玻璃棍摩擦丝绸会使玻璃管或玻璃棍带电。但是若想用玻璃做实验，有一个很重要的实验条件，必须要在十分干燥的空气里才能成功，并且，丝绸和玻璃通过加温才能较好地被干燥。

物理实验总是能够给人们带来很多的乐趣。现在来展示另一个有关电磁力的实验。需要准备的道具就是一个鸡蛋，然后你在鸡蛋上面钻一个小孔，把里边的蛋清蛋黄倒掉，或者在另一头开孔把它们吹出来，之后把蛋壳上的小孔用白蜡堵上。得到空蛋壳后，把它放在光滑桌子的表面、木板或是平底盘子里，接下来就可以利用带电小棍来使鸡蛋壳进行能够被操控的滚动（图57）。这个由著名的科学家法拉杰耶夫想出的趣味实验会给那些不知道鸡蛋是空的的人一种莫名其妙的感觉。同理，除了空鸡蛋壳，纸环或是轻小球什么的也会随着带电小棍运动。

图 57

27. 相互作用

物理学是一门博大精深的学科，它教给我们很多的道理。力学告诉我们，如果力只有一个，那么这个力是不可能存在的，因为任何作用都有反作用，例如那个带电小棍。它吸引各种物品的同时，带电小棍自身也在被各种物品吸引。可能有些人不会相信这样一个说法，所以为了确认这个引力的存在，只需要确认小棍或者梳子的移动就可以了。做一些简单的准备，把梳子悬挂在一根细线上。此时你就会发现，无论什么东西，都能吸引小棍。这一实验的前提是，这些东西不能带电。甚至，我们可以让这些东西跟着自己的手移动，做任何你想要它们做的动作（图58）。

图 58

其实明确地说，这就是大自然的规律。我们不仅可以在这里看见，在大自然中的什么地方都能够看见。任何作用都是两个物体的相互作用，往相反的方向作用。所以在自然界中不可能只找到单独存在的、没有另一个反作用的力，因为它根本就不存在。

28. 相互排斥的力

这次做的实验需要让我们回到带电梳子的实验中。通过这个实验，我们发现，它会被任何带电物体吸引。当然对于我们来说，观察它和另一个带电物体之间的相互作用也是件有趣的事。耳听为虚眼见为实，实验具有说服力，无论你想要说明什么，你都可以用实验来让你的观点更加让人信服。事实上，两个带电物品的相互作用可能是不一样的。就比如你把带电的玻璃棒接近带电梳子，这两个物品会相互吸引。但是如果你把带电的火漆棒，当然不用火漆棒也可以，你可以选择另外一把梳子，然后将它们放在一起，这个时候二者之间会有相互排斥的力。

关于这一现象，也对应着一个物理解释，那就是：异性电相吸，同性电相斥。古塔胶梳子或者火漆的电为同性，都是负电荷。而玻璃所带的电荷为正电荷。它们其实有一个很古老的名称，通常人们会说成树脂电和玻璃电。现在用正电和负电取代了它们原来的名字。我们都知道同性电荷的物品之间是有排斥力的。这里面有一个观察电的仪器就是验电器，这个验电器是一个简单的观察电的仪器。其实，"验电器"这个词的词缀来源于希腊语，在希腊语中的意思是"展示"。"望远镜"和"显微镜"这两个词是这个词的衍生词。

这个仪器并不复杂，如果你想动手试一试，你也可以自己做出这样一个仪器。你可以在软木塞的中间插入一个金属的中轴杆，将中轴杆的一头露在上面。中轴杆的底端用蜡粘上两片锡箔片或者烟纸片。最后用软木塞塞住瓶口，用火漆封好边，这样一个简单的验电器就做好了

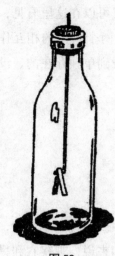

图 59

（图59）。如果用带电物品接触中轴杆露在外面的部分，那么两薄片就会感知带电。由于它们同时带上了同性电荷，它们会受到排斥力的相互作用力而互相分开。薄片的分开就是接触到中轴杆的物体带电的标志。

　　如果你认为这个验电器做起来很麻烦，那么你可以做一个更加简单的验电器。虽说这个相对简单的验电器不是特别方便灵敏，但是效果还可以。在一根木棍上用线挂上两个接骨木仁小球，让两个小球紧紧地挨在一起。这样，一个相对简单的验电器就做好了。但无论多么简单它都是可以检验物体带电与否的。用被实验的物品轻轻接触小球，如果实验物品带电的话，另外一个小球就会偏离到一边（图60）。

图 60

　　其实还有很多更加简单的验电器，你可以往插在软木塞上的大头针上悬一张对折的锡箔片。这也是一个验电器，带电物品一触及大头针，就会使锡箔片张开。这也可以达到测试的效果。

29. 你所不知道的电的特点

电有一个特点，它只聚集在物品表面而且只在物体凸出的部分。为了证明这个特点，还需要做一个简单的实验。

首先我们用火漆把火柴立着粘在火柴盒的侧边，剪一个适当大小的纸条，两端卷成筒状，正好把两根立着的火柴棍套进去。纸条的前后面各粘三到四片很细的纸条（图61）。最后把整个纸条套在火柴棍上。

图 61

现在我们可以在我们做好的仪器设备上来进行实验验证了。

这回把纸条拉直，接下来，让带电火漆棍去接触所有的长纸条以及长纸条上面的小纸条，让小纸条和长纸条同时带电，这个时候可以观察到长纸条两面的小纸条全部张开了。如果你用火柴棍将它们恢复到一开始的弧形状态，再让它们带上电。这一次，只有凸出一面的小纸条会张开，而内凹部的小纸条还是一开始的样子，没有变化。这说明了电只聚集在凸出的一面。将纸条弯成S形，你会再次发现，只有纸条凸出部分才会有电的存在。

第三章

报纸的故事

1. 要学会用大脑思考

哥哥今天也不知道怎么了，整个人都很兴奋，哥哥说晚上他会和我做些关于电的实验。

我听到实验这个词也是很兴奋的："实验？有什么新的实验？不如我们现在就开始做吧！"我对哥哥说到的事情充满了期待，因为每一次哥哥做实验我都会学到很多知识。怪我说话太快了，哥哥对我说："你要学会等待，对做任何的事情都要有一些耐心。"

"我已经说了我会在晚上给你做实验啊，你就耐心地等着晚上的到来吧。我现在需要为实验做些准备，比如一些机器什么的。"

"还要准备机器，你要准备什么机器？"

"当然是与电有关的机器啊。因为我们这次做的实验是与电有关的。"

"你要做什么我这儿有啊，我可以给你弄来，你就赶快做实验吧。"

"还是我自己去找吧，我怕你会把实验搞砸的。"哥哥很不经意地说道，"你只会给我添麻烦，总是什么也找不到，最后还会把东西弄得很乱。"他说完后，还是决定自己去找了。

"你确定你可以找到机器吗？"

"当然可以了，你不用急，晚上你就可以看到了啊。"

哥哥走出门了，但是他把装有机器的包忘在了前厅里的小桌上。我很好奇他的包里面是什么东西，因为就我一个人和哥哥的包在一起，而对于我来说包里面的东西又是那么的神秘。我被包里面的东西深深地吸引了。心里面不停地想到底是什么，无论我做什么都不能转移我的注意力。

哥哥可真奇怪，他居然可以把发电机放在皮包里，因为我想象中它绝对不会那么平。我继续着我的好奇，向皮包的里面探索，我看到有一个东西好像包在了报纸里面。这是什么呢？我打开了报纸，原来包里面一本接着一本的除了书还是书，其余的东西就什么都没有了。原来我被哥哥骗了。

过了一会儿，哥哥空手回来了。他看到了我的表情，就知道是怎么回事了。

"你不会是偷偷看了我的皮包吧？"他笑着问道。

"你不是说有什么设备吗？我怎么没有见着呢？"

"这怎么会呢，就在包里面啊？"

"你骗人，包里面什么都没有，就只有书。"

"你仔细一点儿看就可以看得出来了，要不你再看看啊？"

"我用什么才能看得出来呢？眼睛？"

"你需要边看边思考，既要用上你的眼睛还要用上你的大脑，你需要理解你看到的一切。因为只有这样看了你才可以明白这一切。"

"好吧，哥哥你就别绕来绕去的了，你赶紧教教我吧。"

"仔细看着啊，让我来教教你只用眼睛看和用整个头脑看事情的区别之处。"

哥哥从口袋里面掏出了一支铅笔，然后他就在纸上画了一个图形（图62）。

"你看到图上的线了吗？我们用图中的双线表示轨道，单线表示公路。你告诉我，我们画的轨道，哪一条轨道更加长一些呢？你认为是1到2的距离更加长一些呢，还是1到3的距离更加长一些呢？"

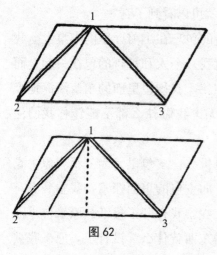

图 62

"在我看来，我还是认为1到3的轨道要更长一些。"

"如果刚才你是用眼睛看见的，那么这一次我们用我们的大脑好好仔细地思考一下，到底是哪一条轨道要更加长一些。"

"可是我不知道要怎么去思考啊。这个太难了，我真的理解不了。"

"我让你好好地用大脑思考一下。那么就请你仔细地思考并想象一下。这回你从1的位置引出一条直线，这条线必须遵守一个规则，那就是要和底部的2至3公路垂直。"哥哥说完后在图上画了条虚线，"现在你来好好地想一想，我画的这条线是怎么把这条公路划分的？划分成了哪些部分呢？"

"是平分的吧。"

"你猜对了，这条虚线上的所有点到点2和点3的距离是一样远的。那现在你看看点1，它到点2和点3哪个更近一些呢？"

"通过你给的指引，我现在明白了，它到点2和点3的距离是一样的，而并不是右边的距离比左边的长。"

"现在你知道用眼睛看和用大脑思考的区别了吧。"

"现在我终于知道了，原来好多事情是用眼看不出来的。但是我还有一个疑问，哥哥，你说的机器在哪儿呢？"

"什么？哦，你是说那个发电的机器啊。它在包里啊，你没有看到吗？它就在原来的地方，你需要用大脑思考，不能光用眼睛看。"

哥哥说完后，就顺手从包里面拿出了一包书，小心地拆开，把一张大报纸空出来，随后将报纸递给了我，说："这就是我们的发电机。"

我很不理解。

"你仔细地想一想，这真的就只有报纸，没有别的了？"哥哥接着说，"如果你用眼睛看，我认为你是对的。但是用头脑看的话，就能够看到报纸里面有物理仪器。"

"物理仪器？做实验的？"

"对。现在你把报纸抓在手里，觉得很轻是吧？你可以用很轻的力气就能够将它拿起来。但是，同样的一张纸，却可以变得很重很重。你还记得那根画图尺子吗？现在你把它递给我。"

"这个尺子已经没有什么用了，已经破了。"

"这样就更好了，因为即使把尺子弄断了也不会伤心了。如果现在你用手往下面压着尺子，那么你就会很容易把它压弯了。但如果我用报纸把另外的一面遮住，现在你再试一试，你觉得会怎样？"

哥哥非常认真地用手将报纸抚平，摊在桌子上，然后把尺子塞进了报纸下面（图63）。

图63

"现在你按照我说的去做。你看，我用报纸盖住了尺子的一部分，现在你快速地、用力地打击尺子的另外一部分。"

"这不行，我这么做，报纸立刻就会飞走，尺子也会被我折断。"

"用力。"哥哥说。

一开始，我确实有些担心。但结果却出乎了我的意料，尺子断了，而报纸仍旧完整。"你看，原来报纸比你想的要重得多了吧？"

"这是电的实验吗？"

哥哥说："这是实验，但并不是电的。我们要做的电的实验还没有开始呢。我想要告诉你的是，这张报纸确实可以用来做物理实验的仪器。"

"我有一个疑问。报纸的重量很轻，但是为什么尺子受了那么大的力后，报纸却没事？现在我可以轻松地把报纸拿起来。"

"其实实验有一个关键点。那就是当空气将一个很大的压力施加在了报纸上。如果精确计算一下，每一立方厘米的报纸相当于受到1千克重物的压力。当你打击尺子的一端时，尺子的另一端就会从下挤压报纸，此时的报纸应该被掀起。当然，这是最常见的一种情况。整个实验分两种情况，如果慢速打击尺子，那么报纸上面的气压和下面的气压会平衡，尺子会折断并且报纸也会飞出去。但如果你打击得够快，那么空气就来不及渗透到报纸的下面，所以这个时候即使报纸中间已经朝上掀的时候，它的四周还是贴着桌子的。所以我才让你用大力、快速地打尺子。

"我可以用具体的数字来帮你分析：假设报纸的面积是16平方厘米，那么它上面受到的空气压力就相当于16千克的重物。这张报纸的面积明显更大，就是说，举起报纸需要更大的力，大概为50千克重物的力。这个重量尺子承受不了，所以就断了。

"那么你现在开始相信，借助重量轻的报纸也可以做实验了吧？好了，准备下一个实验吧。天快黑了。"

2. 手指之间也可以有火星

本来我想让哥哥做个实验，可是我来到了哥哥这里，才看到他一只手拿着刷子，另外一只手拿着报纸贴在火炉壁上，正在用刷子刷报纸，就像要刷平墙纸的工人一样。

哥哥对我说："注意了啊，现在你看！"他的两只手都离开了报纸。我心里想，这张纸肯定会掉下来的。

但是报纸并没有滑到地上。不但如此，这次报纸就像粘上去的一样。我有些疑惑。

"怎么会这样呢？这到底是怎么粘住的啊？"我很惊奇地问哥哥。哥哥说道："因为带了电。报纸现在已经带电了，不但如此报纸还被炉子吸住了。"

"你一开始怎么就不说包里的报纸是带了电的呢？"

哥哥很平静地解释说："报纸一开始并没有带电。你看到我刚才用刷子刷了吗？就是在这个时候我才让它带上电的，你可不要忘了刚才我可是当着你的面弄的，你不会都没有注意到吧。报纸因为摩擦带了电。"

"我是看到了，但是我没有想到这一点啊。那哥哥你的意思就是说，我们刚才做的这个实验就是真正的电的实验了？"

"是的，这确实是一个基础的带电的实验。我们的实验才刚刚开始，现在你可以把灯关了。我们开始进一步地做关于电的实验。"

我听了哥哥的话，把灯关掉了，在黑暗中，只能模糊地看见哥哥的身影和炉子所在地灰色的斑点。哥哥在黑暗中说："你现在仔细一点儿看看我的手里有什么。"

我根本就看不清哥哥到底做了什么，对于我来说现在就只能去猜了。哥哥把报纸从炉壁上揭了下来，用一只手把报纸朝下拿着，而另外一只手的手指大张着靠近报纸。

我从来就没有看到过这种现象，我们已经做过很多次实验了，但是这一次的实验真的很让我震惊。哥哥的手指间居然飞出了蓝白色的火星。太不可思议了（图64）！

"这些火星就是你所说的电。看到了吧，这回你想自己试一试吗？"

我果断地把手藏在了背后。

哥哥这回又重新把报纸贴上炉壁，这一次他也是用刷子刷完的。当他做完后，手指间又蹦出一股股长长的火星。这次我看清了，真的，我看得很清楚，哥哥完全没有用手指碰报纸，离报纸有10厘米左右的距离。

图 64

　　"来，尝试一下，不会痛的。"哥哥抓住我的手，让我贴近炉子，"现在你要做的就是把手张开，这也不难吧，怎么样，痛吗？"

　　我还没有反应过来，就看到了蓝色的火星从我的手指间冒出来了。此时出来的火星，发出一闪一闪的光。在这些光的照射下，这一次我还看见哥哥只从炉子上掀开了一半的报纸，另外一半的报纸仍旧像粘上去的一样贴着炉子。当我手里有火星出现的时候，我也感觉到一点儿轻微的疼痛，但是疼痛并不明显。

　　"再来！"我主动请求。

　　哥哥又把报纸贴上了炉壁，然后就开始刷。"你直接用了手掌。你忘了吗？得用刷子啊。"我提醒他道。

　　"你不用担心，这样也是可以的。"

　　"这怎么行呢？你根本没有用刷子啊，你是用你的手。这和你开始的时候并不一样。这个能成功就是因为用了刷子的缘故吧？"

　　"其实这和用不用刷子没有什么太大的关联，如果你的手很干燥的话，即使没有刷子也是可以的。你只要可以摩擦就好了。"

　　哥哥说的没有错，实验的结果和一开始的时候是一样的。这次我的手指间也闪出了和之前一样的火星。

"怎么样？我相信这个火星你也快看够了吧。"哥哥对我说，"好了，这游戏就进行到这里吧，现在我们来做另外一个很有趣的实验。在这个实验里面，我来向你展示放电，就是哥伦布和麦哲伦在自己帆船桅杆顶端看见的那个东西。给我一把剪刀。"

我手里面的火星灭了以后，整个房间又变得一片漆黑，但是哥哥还是在黑暗中拿了一把剪刀，然后用剪刀的尖部靠近炉壁上半脱的报纸。我以为这次肯定又会出现和上次一样的火星，所以我就很耐心地等着。但是，突然间我看见了一个新现象——在剪刀的尖上，闪烁着一束束蓝红色的光线，一圈一圈的，很漂亮。我看到了哥哥拿着的剪刀离报纸还有一段很远的距离呢。那儿不但有美丽的光线产生，与此同时还传来火燃烧的声音（图65）。

图65

"或许你还不知道这是什么，那就让我来告诉你吧。你看到的这个就是海员们经常能看见的现象，是出现在桅杆和横桁末端的光束。我们只是做实验，所以看到的这个是很小的。但是海员们不一样，他们看到的要比我们实验的这个大多了，并把这个称之为'埃利姆之火'。"

"这些东西是从哪儿冒出来的？"

"你不会是想要知道拿着报纸站在桅杆下面的人会是谁吧？事实上，那里并没有什么报纸。但是海上有低垂的带电云，正是由于这些云的存在才会出现这种现象的。这些云的作用就像我们现在的报纸一样。其实任何事情都是有很多面的，这个现象也是如此。尖端电辉光也不仅仅只是发生在海上，在别的地方也能够同时看到这些景象。比如，你也可以在陆地上或者是山里看到这种景象。

"你还记得尤利乌斯·恺撒吗？其实尤利乌斯·恺撒也描写过类似的事情，在一个多云天的夜晚，有一个士兵的长矛尖也闪烁着那样的火光。海员和士兵们都是知道这种情况的，所以海员和士兵并不怕电光。与我们感受不同的是，很多士兵还会把这些东西当作吉兆。虽然如此，但是这里面有一点要特别地说明，把它当作吉兆并没有任何合理根据。在山里，这种事情常常会发生，在所有的身体突出部位都会出现这种电辉光，例如在人们的头发上、帽子上、耳朵上。与此同时我们还能听见嗡嗡声，就像剪刀尖发出的声音一样。"

"这声音大吗？"

"不大。然后你要清楚一点，这个光并不是火光，而是辉光，冷辉光。辉光很冷且无害，这种光没有很大的作用的，因为你不知道，这个连火柴都点不着。我把剪刀换成火柴，火柴头环绕着电辉光，但是火柴并不会燃起来（图66）。"

图66

"但是我怎么感觉，其实火焰是直接从火柴头冒出的呢？"

"如果你不相信，那么你现在把灯打开，你在灯下仔细看看火柴。"

但是当我确认了，我才发现哥哥是对的，因为火柴并没有被烧过的痕迹。它确实被冷光环绕，不是火。

做完这个实验后，哥哥随手把椅子挪到了房间中间，然后他从后面拿了个手杖，平行地放在了椅背上。一开始其实并不是很顺利，但是哥哥还是没有放弃，又试了一遍又一遍。最后哥哥终于成功地找到一个支撑点，让手杖平稳地放住了（图67）。我很是不解，平时立着的手杖甚至找个东西靠着都立不稳，这一次手杖怎么会这么听话呢？

图 67

"手杖居然还可以这样放!"我很惊奇地说,"手杖那么长!"

"能稳住就是因为它长,如果它短,就真的放不住了,你绝对不能将一支铅笔放到这种程度的。"

"哥哥你也太无聊了,谁会把铅笔用到这个地方。"我说道。

"那么我们现在开始做正事。这次的实验规则就是,不允许你碰这个手杖,但是你一定要让手杖转向你。"

我百思不得其解:"这要怎么办啊?"

"那只能用绳子将一面拴上了啊。"

"不用任何绳子,没有任何的接触。你看你能做到吗?"

"好吧,我知道了,现在我只能尽力了。"

我想用气把手杖吸过来,但是看来我这次又错了,因为手杖根本就不动。

"怎么样?"

"这太难了,反正我是不可能做到的。"

"怎么会不可能呢?一切皆有可能。你看着我做。"哥哥说完,就把粘在瓷砖上的报纸给揭了下来,慢慢地从侧边接近手杖。当他走到离手杖不到半米的距离时，我能够觉察到手杖已经开始感觉到带电报纸的吸力，听话地转向报纸这边。哥哥小心地移动着报纸，慢慢地引导手杖在椅背上转动。

"现在你看，带电报纸的吸引力还是巨大的。只要所有的电还没有从报纸放到空气中，那么报纸走到哪里，手杖就会跟到哪里。"

"这个实验还是有一些不足的，它不能在夏天做，因为炉子是冷的。"

"炉子在本实验中起到烘干报纸的作用，使报纸变得完全干燥。报纸有些时候会吸收空气中的湿气，因此它总是有点潮，影响实验。

"但是，不要以为在夏天这个实验就根本不可能完成，只是效果稍微差一些。因为冬天暖气房里的空气比夏天的干燥些，这就是我们所说的原因。干燥对于这个实验来说是必不可少的。

"将在灶上烘干的报纸移到干燥的桌子上，用刷子使劲刷，刷完后报纸就会带电，虽然没有像在暖炉瓷砖上那么强。好了，这次我们就把实验做到这里吧，明天我们做别的实验。"

"哥哥，我们接下来会做什么实验呢？还是和电有关吗？"

"你说的没有错，我们接下来做的实验都和我们这个发电机——报纸有关。好了，你仔细听着，我给你讲一个故事，是关于山里的埃利姆之火的描写，这个故事是著名的法国自然探险家索绪尔留下的。1867年，这个法国的探险家和几个同伴待在3千米多高的萨尔乐山脉顶峰上。这就是他们在那儿体验到的。"

哥哥说完，就转身到了后面放书架的地方，从书架上取出弗拉玛里翁的《大气层》。他把书翻开，让我读下面的一段话：

完成登山的人们刚刚在峭壁的旁边把搭帐篷的铁棍支好，准备吃午饭，但就在这个时候，索绪尔突然觉得肩和背像针刺一般的痛，然后疼痛慢慢扩散到全身。单丝·索绪尔说："我以为我的衣服里面掉进了大头针。我脱下了它，但疼痛并没有减轻，我反而感到疼痛加强了，并且开始从一个肩膀向另一个肩膀蔓延。我的整个背都被疼痛控制，而且还有酥麻和病态的针刺感，就像皮肤上有针扎，并且针在游走。我又脱了我的第二件大衣，但是衣服里仍然没有找到什么东西。疼痛并没有停止，开始转为烧灼感，我甚至感觉我的毛衣好像着火了一样。当我正准备脱下来的时候，我好像听见了嗡嗡的声音。"声音是靠着峭壁的铁棍发出的，铁棍发出的声音像快烧开的水一样。这个声音持续的时间很长，足有5分钟。

然后我便知道到底发生了什么事。我之所以会有疼痛的感觉，原来是来自山上的电流造成的。但是在白天的光亮下我并没有看见铁棍上有什么东西在闪。铁棍不管是被垂直拿在手里，还是铁尖朝上、朝下或者平行，都会发出一样刺耳的声音。

整件事情并没有停止，过了几分钟我感觉到，我的头发和大胡子正在竖起来，此时就好像有一把干干的剃须刀在刮又硬又长的大胡须。我听见我的年轻的同伴叫了一声，他也遇到了这样的情况，胡须竖了起来，从耳朵尖发出了更加强烈的电流。当我举起手我就能感觉到，有电流从手指间发出。总之，我感觉哪儿都有电流通过，感觉全身都已经被电流团团围住了。我们赶紧离开山顶，立刻往下走，走了将近100米。越往下走，我们的铁棍发出的声音越弱，最后几乎听不见声音了。

索绪尔的故事讲完了。但是在这本书里，还有其他产生埃利姆之火的故事：

突出的峭壁产生电是很常见的，只要天空覆盖着很低的云层，而云和山顶的距离很近的时候，就会发生这种现象。

在1863年7月10日这一天，瓦特松和几个游客登上了瑞士山脉永格弗拉乌山口。早晨天气很好，但是在接近山口的时候，他们就遇到了麻烦，碰到了夹着冰雹的强风。随后传来一声可怕的雷声。很快，瓦特松就听见棍子发出的尖厉的声音，感觉和水烧开了一样。同行的人看到了这种情况，很快地停了下来，然后发现他们的铁杖和斧头也传出同样的声音。它们会一直响，除非把它们的一头插进土里。一个向导脱下帽子叫了起来，因为他的头在"燃烧"。他的头发竖立起来，就像被电击了一样。所有的探险者也都遇到了类似的情况,并且都不知道是什么原因。瓦特松的头发也完全竖立起来,不但如此,手指在空气中一动,就能够听到电流发出的噼啪声。

3. 纸小丑可以跳舞吗

上次哥哥说要约我做实验,于是这一天哥哥把我叫过来,说话算数。但是这个实验也需要等到天黑,所以我们就选择在晚上的时候开始。当天一黑,哥哥就开始了他的实验。第一件事情就是把报纸往炉壁上"刷",然后朝我要了各种各样的、比报纸结实一些的纸小丑。

"你仔细看好了。这一回的实验,我要让这些纸小丑在我们这里跳舞。你现在去准备一些大头针来。"

很快,我们就在每个纸小丑的脚上都钉上了大头针(图68)。

我不明白是什么原因,让哥哥给个解释。

图68

哥哥说这样做是为了让纸人不被报纸引诱而飞走,说完后他便把纸小丑分散放在茶炊托盘上:"要开始了。"

哥哥揭下报纸,两手平托着,从上边接近装纸人的托盘。

"站起来!"哥哥发出指令。

我惊呆了,没想到纸小丑们特别听话,哥哥说站起来,它们就真的站了起来,直挺挺地戳在那儿。当哥哥把报纸移开,它们又躺了下去。但是哥哥的报纸一过去,纸小丑们便又开始站起。就这样反反复复地做了很多回。

"之所以用大头针,就是为了防止它

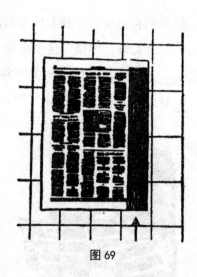

们被报纸吸引。此时如果我不用大头针拴住他们，他们会往上跳，紧紧贴向报纸。看好了！"哥哥从几个纸小丑脚上取下大头针，他们立刻被整个吸向报纸，而且没有往下掉。

"这就是电吸力。下面我们来做另外的一个实验，这个实验与排斥力有关。嗯，你把剪刀放哪里了？"我把剪刀递给他。哥哥又"刷"好了报纸，开始从上往下，顺着它的边缘剪，剪成了又细又长的纸条。每剪到最上边，他又用同样的方法

图 69

剪第二条、第三条。在他剪到六七条的时候算是结束了（图69）。

如此，哥哥做出了一条纸胡须，并且没有像我想的那样从炉壁上滑落，而是继续留在了上面。哥哥用手压住上端，用梳子平梳了几次之后，把"胡须"拿了下来，手臂伸平，捏着它的上部。

纸条并没有想象中那样自然下垂，而是像一口钟那样张开来（图70），很明显地相互排斥着。

哥哥给我解释了原因。"胡须会相互排斥是有原因的，"哥哥很认真地解释说，"这些胡须都是带电的，它们要接近完全不带电的东西，就会被吸引。如果把手从下面伸进纸条内部，所有的纸条都会贴向手。"

我感觉到不可思议，但还是照做了。我蹲了下来，把手伸向纸条之间的空隙。但是很遗憾的是没有做到，纸条就像蛇一般把我的手紧紧裹住。

"这种蛇不可怕吧？"哥哥问道。

"当然不怕了，这些蛇都是纸做的啊，有什么可怕的。"

"你不怕，但是我可是很害怕。"哥哥就把报

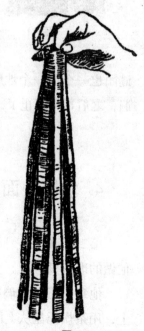

图 70

纸举到自己头上，我发现哥哥的长头发一根根竖了起来。

"哥哥，你做的这个也是一个实验吗？"

"没错，这也是一个实验，这个实验的原理和原来做的几个原理是一样的。这次是报纸让我的头发带电了，它们之间既吸引又排斥。这个实验的原理和纸胡须一样。现在你拿着镜子，看看你头发站起来的那种风格。

"这个应该不会对我的头发造成什么伤害吧？"

"当然不会了，你放心好了，不会有什么伤害的。"

然后哥哥就开始了实验，一开始我还是有一些担心的。但是整个实验就像哥哥说的一样，我的确没感觉到一丝疼痛，甚至痒。然后我就看了看我的新发型，我突然就笑出来了，因为我看到了镜子里报纸下我的头发是怎么直直地竖着的（图71）。

图71

我们终于做完了所有的实验，我的谜团也一个接一个地解开了。我们用剩余的时间把昨天的实验又做了一遍，之后哥哥停止了"演出"，答应我明天做一些新的实验。

4. 水槽外面的水流

第二天晚上，哥哥又准备做实验了，准备了很久。不过，一开始，他做的准备很奇怪。

他拿了三个玻璃杯和一个托盘，放在炉子边上烤热，然后放到桌子上，用茶炊托盘从上面把杯子盖住。

"接下来要做什么呢？"我对哥哥将要做的事情非常的好奇。因为有一点我很不解，杯子本来应该是放在托盘里的，可是哥哥却用托盘盖住了杯子。

"你别急啊，我还没有开始做呢。我做的将是小闪电的实验。"

现在我终于要看到哥哥用"发电机"了，也就是要把报纸贴在炉壁上用刷子刷。刷完以后，哥哥又把报纸对折两次，继续刷。之后，他把报纸从炉壁上揭下来，很快速地把它放在了托盘上。

"你来摸摸托盘。现在托盘的温度应该不是很低。"

我并没怀疑这是个圈套，于是我伸手去摸。突然，我的手指像是被什么东西扎了一下，非常痛。

哥哥大笑。

"感觉怎么样？你刚才被电击了一下。你听见什么声音了吗？类似于噼啪一样的声音？这就是轻微的雷声。"

"说实话，我刚才只感觉到了一阵疼痛，感觉好像被针刺到了一样，但是没有看见闪电。"

"哦，刚才本来就是没有闪电出现的，现在，我们再重新做一次实验。不过这次我们在黑暗中做。"

"这一次我不会再去碰托盘了。"我说道。

"这一次不需要你去碰了。因为这一次你可以通过钥匙把闪电给引出来（图72）。如果你按照我说的做，你就不会感到疼痛，这一次什么都不会感受到的，就和平常一样。但闪电还是那么长。你不用担心，第一道闪电我自己来引，你的眼睛现在还不能适应黑暗。"

哥哥把灯给关掉了。

"现在你仔细地看着，马上就有闪电了。"哥哥刚刚说完，我就看到了一道火柴那么长的蓝白色闪电从托盘和钥匙之间蹦了出来。

"这应该会听见雷声，也可以看到闪电。"哥哥说道。

"只是闪电和雷声是同时出现的。但是真正的雷声总是比闪电慢一些。"

图 72

"这回你说的很对，打雷的时候，我们确实是先看到闪电，然后才能听到雷声。但是这一切确实是同时发生的。"

"那为什么雷声会很晚才听见？"

"闪电是光，光的速度特别快，传到你的眼睛里几乎是瞬间。打雷是声音，声音在空气中的传播速度明显小于光速，所以我们听到的声音就会晚些传到我们的耳朵里。因此我们看见闪电要早些，而我们听见的声音就会晚一点儿。"

哥哥给我解释完之后，把钥匙交给了我，然后取下了报纸。然后他对我说："现在你可以大显身手了，你也可以从托盘上引发闪电。我想你的眼睛应该已经适应了昏暗的环境。"

"可是现在已经没有报纸了啊，难道没有报纸也会有闪光？"

"试试看。"

我把钥匙送到托盘边缘，就看到了一道耀眼的、长长的闪光。

哥哥再次把报纸盖在托盘上，我又尝试了一次引发闪电。这次的闪电明显已经弱了些。哥哥一直重复着这个动作，我也每次都能引发闪光，只是一次比一次弱。

"如果我不用手拿报纸，而是用丝线或者尺子的话，火光或许持续久些。当你学习物理之后你就会明白为什么会有这种现象的发生了。我现在只是让你用眼睛看，而不是用头脑来看这些实验。好了，这个实验我们就做到这儿，接下来要做的实验是与水流有关的。我们准备去厨房的水龙头边做这个实验。至于这张报纸，就让它留在炉子上吧。

我们从水龙头放出一股很细的水流，落在水槽的底部。

"我现在不会去碰水流，让水流自己流。现在你想让水流流向哪个方向呢？"

"往左边吧。"

"哦，好的。那你别去碰水龙头啊，我现在去拿报纸。"

没有过多长时间，哥哥就拿着报纸出现了。他尽量伸直手拿着，让报纸离身体远些，让它不会失去太多电。看着哥哥的样子以及哥哥这次将要做的实验，我的心还是很激动的。哥哥让报纸从左边开始一点点地接近水流，这时我清楚地看见，水流往左边偏了。他又把报纸拿到另一边，水流便偏向了右边。最后哥哥拿着报纸后退到一定距离，直到水流到了水槽的外边（图73）。

图73

"你看啊，水居然流到了外边，这里就表明了电的吸力足够的强。

"其实这个实验做起来很简单，没有壁炉或者炉灶也是很容易做的，报纸也不是实验的唯一的道具。它可以用普通的橡胶梳子取代。"

说着哥哥从侧边的口袋里面掏出了一把梳子，然用梳子梳了梳他浓密的头发，"现在它带电了。"

"但是，我只看见你用梳子梳了几下子头发啊，难道你的头发上面有电吗？"

"你这次想的有点儿多啊，我的头发也是普通的头发，所有人的都一样。但是，橡胶的东西与头发摩擦的话，会使橡胶带电，这和报纸的原理是一样的。看好了！"

靠近水流的梳子明显地让水流偏向了一边。

"这个实验做完了，还有别的实验。这些实验也用梳子来代替报纸，那就不合适了。梳子获得的电量太少，而报纸获得的电量更多。下面的实验是我做的最后一个实验，但是这回的实验不是与电有关的，而是与空气压力有关的实验，这个实验和那个尺子的实验有很大的相似之处。"

我与哥哥一起回到了房间。哥哥用剪刀剪了报纸，然后用报纸粘贴出了一个长口袋。

"我刚刚做好的口袋还需要一段时间才可以用，现在你去拿几本厚点儿的书来。"

我在书架上找了几本有分量的书，把它们摆在桌子上。

"你可以用嘴把这个口袋吹起来吗？"哥哥笑着问我。

"这有什么难的啊，我当然可以做到啊。"我说道。

"好吧，确实简单。但是你还记得我让你找的书吗？如果把这些书摆在口袋上呢？"

"你在开玩笑吗？这怎么可以吹得起来呢？"

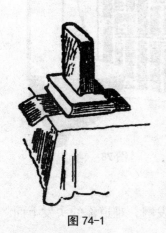

图 74-1

哥哥并没有说话，只是把口袋放在了桌子边上，然后哥哥就用一本书压住了这个口袋，不但如此，哥哥在一本书的上面又立着放了一本书（图74-1）。

"你现在用心看着，看我是如何把袋子吹起来的。"

"哥哥，你不会是打算要把这些书吹跑了吧？"我大笑着问哥哥。

"猜对了。"

哥哥说完话后，便开始吹口袋。你猜猜会发生什么呢？这底下的书肯定得翘起来，袋子上面的书被顶翻。但是这些书的重量要足足5千克啊！

哥哥在这一次的实验中给口袋压了3本书，用很大的力气吹了过去，如果不是亲眼看到，我一定不会相信这3本书都翻倒了（图74-2）。

其实原本实验并没有什么特别之处，但是这个实验最让人惊奇的事情就在这里，因为这个实验的普通，每个人都感到很容易。但是很多人都没有亲自试一试，而只是用嘴一说。其实谁都可以成功地做到。我也试了一下，我也能做成功了。这个实验每个人都可以完成，很简单。

图 74-2

我虽然可以像哥哥一样做到，但我不是很懂其中的原理。这个实验是很简单的，但是它的原理只有很少的人能够知道。为了弄清楚是怎么回事，后来我还是请哥哥给我解释其中奥秘。

当我们吹口袋的时候，吹进口袋的空气要比口袋外面的多。因为如果口袋里面的空气不如口袋外面的多的话，那么口袋是吹不起来的。外面空气的压力大约相当于每平方厘米承重1 000克。我们不精细地计算，只是大略地计算一下，我们粘好的纸袋是多少平方厘米，就很容易算出来了。压力多1/10，就是说每平方厘米承重多100克，那么口袋里从里向外的压力总和相比被压部分差不多多出10千克重物对支撑物的压力。这个力足以将书掀开了。

第四章

74 个有趣的物理实验

1. 不准确的秤也可以称出准确的东西

你称过东西吗？如果你称过东西的话，那么你觉得是准确的秤重要还是准确的砝码重要呢？很多人认为，既然是称东西的话，自然是秤更加重要。这就错了，砝码更重要。没有准确的砝码，秤再准也没有用。如果砝码准确，那么即使秤不准确也可以精准地称重。

如果你有一把带秤杆和秤盘的天平秤，但是你不知道这把秤准不准，那么，要使用这个秤来称重，你可以这样：在托盘里放一个比你要称的东西重些的物品，在另一个秤盘里放上能让秤平衡的砝码。

之后，就要把称的东西放到装砝码的秤盘里。这时秤盘定然会压下去，为了平衡就不得不把一部分砝码取下来。你要称的东西和撤下来的砝码的重量是一样的。这其中原因很好理解，你要称重的东西现在正在代替撤下来的砝码来压着秤盘。

这个绝妙的方法，正是伟大的化学家门捷列耶夫想出来的。

2. 绞车的重量

现在我们来思考一道题。当你站在一个相当于几十杆秤的绞车平台上，并开始下蹲时，绞车是往上摆还是往下摆？

答案是往上摆。那是根据什么做出的这个判断呢？当我们下蹲的时候，我们身体往下的肌肉就会牵引双腿往上，此时身体作用于绞车的压力在减轻，于是绞车往上摆动。

3. 用滑轮拉重物

假设一个人可以从地板上拿起一个100千克的重物。现在，由于需要，他需要拿起更重的重物。于是他把货物系在固定在天花板上的滑轮的绳子上，做成了一个定滑轮装置。那么这个人究竟能用这个定滑轮装置举起来多少重物呢（图75）？

其实，当我们借助固定滑轮来拿物品的时候，可以拿起的货物一点儿不比直接用手拿的多，甚至轻了很多。如果有人拉穿过定滑轮的绳子，他能拉起的货物重量不会超过自己的体重。如果人的体重不足100千克，那他是无论如何也不可能拿起100千克的东西的。

图 75

4. 两把耙

生活中，很多人都会有概念混淆的时候。就比如说，人们经常会把重量和压力弄混。其实，这两者完全不是一码事。物体可以具有很大的重量，却给它的支撑体施加很小的压力。相反的是，有些物体的重量本身很小，但是它却给支撑体很大的压力。

通过下面的这个例子，你可以让自己明白重量和压力的区别之处。

田里面有两把同样结构的耙在干活，其中一把有20颗齿，而另外一把有60颗。第一把重60千克，而第二把要重120千克。

那么，哪把耙子挖得深一些呢？

其实这很容易就能够想象得到，哪一把被施加了更大压力，哪一个耙子挖土挖得就深。下面我们就来具体地用数字分析一下吧，首先第一把耙总重量60千克，然后它自身把这60千克的重量分配在20颗齿上，你想想看，这样每颗齿分到的重量就是3千克。然而第二把耙的每颗齿分到的重量是120÷60，就是2千克。通过这个计算就可以很清楚地知道哪一个施加的压力更大。尽管第二把耙子的总重量要比第一把重一些，还是第二个耙子挖的土要浅些，因为第一把耙子上每颗齿受到的力更大一些。

5. 桶的压力计算

你知道压力的计算方法吗？或许有些方法很难，这回我们来探讨一个简单的计算压力的方法。

现在有两个直桶，这两个直桶里装有腌制的蔬菜，顶上压着两块上有石头的圆木板。其中一块圆木板直径为32厘米，重量为16千克；另外一块的直径是24厘米，重10千克。

通过上面的几组数据我们能够很清楚地了解到，如果拿每平方厘米来做对比的话，那么每平方厘米面积上压着的物体重些的桶所受到的压力就会更大些。第一个桶上承重共为16千克，分配到804平方厘米的面积上后，每平方厘米不到20克。第二个桶上的重物为10千克，分配在3.14×12厘米×12厘米≈452平方厘米的面积上，即每平方厘米分担大约22克。通过上面的计算方法可以看出，第二个桶上受到的压力大些。

6. 锥子和凿子

生活中我们都见过锥子和凿子。若用同样的力气敲打锥子和凿子，为什么锥子比凿子钻得深？

很多人都会疑惑，想要知道这其中的原因是什么。其实，当你敲打锥子的时候，你就会发现你所用的所有的力量都集中在面积很小的锥尖上。你用力敲打凿子的时候，虽然用了同样大的力气，但是结果是完全不同的。假设锥子与材料的接触面是1平方毫米，而凿子是1平方厘米。如果此时你用相当于1kg重物重力（约9.8牛）的力敲打两个工具，那么凿子承受的压力就是1平方厘米上受1千克力（1千克力≈9.8牛），而锥子承受的压力是1平方厘米上有100千克力（因为1平方毫米是0.01平方厘米）。同样的力去砸锥子和凿子，锥子受到的压强要比凿子大100倍。根据这个，我们就能够知道为什么锥子可以钻得更深了。

其实当你明白了上面的现象的时候，你就会不由自主地去联想到别的事情。比如缝衣服的时候会发现衣服很难缝，用手指顶针感到手指很疼。其实你所施加的压力一点儿不比蒸汽炉里蒸汽产生的压力小。现在想一想刮胡刀，用手轻轻一压，脸上的胡须就被刮没了。其主要原因，就是刮胡刀又薄又锋利的刀片产生了每平方厘米几百千克力的压强，于是毛发就被剃掉了。

7. 马和拖拉机的故事

笨重的履带拖拉机在泥泞里活动自如，而马和人在同样的泥泞里却是进退两难。很多人都对这一点很不理解。因为在人们眼里面，越重的东西在泥泞里出来肯定就越难。但拖拉机比人和马重多了，那为什么陷在泥泞里的是人和马而不是拖拉机？

为什么会发生这种现象呢？如果想要弄明白这个，就必须知道重量和压力的区别。其实陷得深的不应该是重的物体，而是每平方厘米支撑点承受了更大重量的物体。履带拖拉机将巨大的重量分配到履带巨大的表面上，分摊到拖拉机的每平方厘米的支撑点上的重量总共也就几百克。而马的重量分摊到马蹄下的支撑点，因而每平方厘米支撑点分摊的重量超过1 000克，是拖拉机的10倍多。所以马踩进泥里比拖拉机陷得深也就是很平常的事情了。其实生活中有很多这样的例子，当牵着马走过松软泥泞的地方时，人们就会给马穿上很大的鞋子，以增加马蹄与地面的触地面积，这样马被陷住的机会就大大减少了。

8. 爬着走过冰面

生活中有很多好玩的事情，尤其是在冬天的时候。冬天的时候天气很冷，河水会被冻住，这时候有些人就想从冰面上行走。但是冰面上会存在很多的安全隐患，因为很多时候我们并不知道冰面是不是冻得结实了。但是这并不能难倒聪明的人们，很多人还是想到各种各样的方法去过河。虽然每个人的方法不同，但是很多有经验的人是不会用脚在冰面上走的，为了不让这些危险的事情发生，他们会选择爬行。但是，这样做的原因是什么？

我们都知道不管人怎么过河，人的体重都没有变化。所以大多数的人觉得躺着和站着没有分别。但是躺着时即便是重量没有变，人与冰的接触面积却变大了。这是很重要的一点，两个脚大小的面积，受到体重的压强明显要大于整个身子大小的面积受到体重的压强。所以，即便你的体重很重，如果你爬着过河，那么整个冰面受到的压力也是很小的，过河十分安全。

人们之所以会这样，就是因为他们想让更大面积的冰面来承受他们身体的重量。很多人会选择一个比较宽的板子，然后在宽的板子上滑，这也是为了增加冰面的受力面积。

到底冰面可以承受多大的压力呢？经过科学的计算，一个人在冰面上走，如果确定安全，那么就需要至少4厘米厚度的冰才行。

如果我们我们要更加安全地走过冰面的话，那么究竟多厚的冰才足够支撑我们平安到达河的对面？10到12厘米就足够了。

9. 绳子会在哪里断

按照图76做一个装置。在两扇打开的门上架一根棍子，棍子上系一根细绳，用绳子捆起一本很重的书。最后，在细绳的末端吊上一根尺子。现在我们来猜猜，这条细的绳子会在哪里断开呢？书的上面还是下面？

细绳在书的上面和下面都是有断开的可能的，这取决于你怎么做。如果你很小心地拉，绳子的上部就会崩断；而如果你要非常迅速地拉，那么绳子的下部就会崩断。

出现这样的结果的原因是什么呢？我们

图 76

说过，如果你非常小心地拉细绳，那么细绳的上面就会断开，因为这个时候绳子上除了有手的力量，与此同时还有书的重量。所以这样看来绳子是很容易断的。

但是绳子下面的部分只有一只手的力，所以当你用非常快的速度拉的时候，书由于惯性还来不及做出明显运动，全部的力量集中在绳子下部，于是被拉断。哪怕下边的绳子再粗些，也是一样的结果。

10. 你不知道的撕纸方法

我们这次做的实验，需要的道具很简单，就需要一块纸。我们在纸

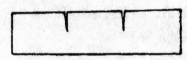

图 77

上轻微地剪开两处（如图77），然后问问你的朋友，如果此时拉着它剪开的两头往不同方向扯，会发生什么呢？

如果不出意外的话，其实很多人都会说撕成三部分。如果你发现大家都是这样说的，那么此时你就应该让朋友们学会用实验来检验真假了。因为只要你做过实验，你就会发现，这张纸只会被撕成两部分。

这个实验可以想做几次就做几次，可以改变纸的大小，也可以在不同的地方撕开裂口，但是不管怎么做，你只能撕成两张纸，并且纸的断裂点也是遵循着一定规律的，就是在纸薄的地方。其实，这也是一个常识，纸上哪块薄，就会在哪块断。主要问题在于，两个或剪开或撕开的裂口，不管你多么小心，其中一个总会不可避免地比另一个深。而且就是这一点点的误差，成了纸片上最薄弱的地方，断裂就是在这个地方开始的。而且，只要有了裂口，就会一撕到底，因为它只会变得越来越薄弱。

这只是一个很简单的实验，却隐藏着很重要的一个科学知识，因为这个实验涉及了一个对科技而言严肃而重要的领域——"材料强度"。

11. 结实的火柴盒

如果给空火柴盒一拳，火柴盒会怎样？按照生活中我们遇到的情况，其实大多数人的答案应该是相同的，那就是火柴盒一定会被打扁的。但是如果真正做过这个实验的人，或许给出的答案就不同了。他肯定会说火柴盒还是原来的模样。

而让人信服的方式，就是通过具体的实验来证明这一切。把空的火柴盒摆成图78-1所示的样子，然后用拳头快速击打摆好的火柴盒。当你真正做完这个实验你就会发现，火柴盒并没有破损，而是变成两部分飞了出去，你可以把它们捡回来，这个时候你就会发现我说的没有错误，因为火柴盒就是好的。事实上，因为火柴盒猛烈地反弹了，就是这个反弹的力让火柴盒变弯曲，但是火柴盒没有折断，还是完好无损的。

图 78-1

12. 把火柴盒吹近

下面我们做的实验还是和火柴盒有关的实验，但是和上面的一个实验不同。我们把空火柴盒放在桌子上，让另外的一个人来吹气，但是我们是要把火柴盒往我们自身的方向吹。

对于实验有这样的要求，大多数人应该不会猜出来该怎么做，而且很多人都会选择用更大的力气来吹，当然结果只能是越吹越远。

但是，如果你真的用大脑好好想一想，你会发现实验要成功也很简单。

你可以把你的手放在火柴盒的后面，然后你把气朝手的方向吹（图

78-2）。这个时候你就会发现火柴盒在朝着你的方向运动。原因就在于，本来吹过去的气流被你的手挡了回来，这样这个气流就打在了火柴盒上，此时火柴盒刚好对着你，然后就开始往你的方向运动。

实验很容易成功，只是你必须保证桌面是光滑的，并且不能铺桌布。

图 78-2

13. 挂钟走快了怎么办

挂钟慢了的话，该怎么修理挂钟的钟摆来调整时钟，让挂钟恢复准确呢？钟走快了，又该怎样调钟摆来让挂钟恢复正常呢？

我们知道如果钟摆越短，挂钟就会摆得越快。其实这是一个很简单的物理实验。实验的道具很简单，通过绳子系个小物体就可以了。我们可以通过这个简单的实验道具，然后做实验找到问题的答案。事实上，如果挂钟走慢了，我们就应该把装在钟摆杆上的小环拔高一点儿，这样就会让它变短一点儿，钟摆就会摆得快一点儿了。根据这个原理，钟要是走得快了，我们就应该让钟摆稍微摆得慢一点儿。这样我们就可以顺利地解决问题了。

14. 杠杆的疑问

杠杆的两端分别固定一个同样重量的球（图79）。在球的正中间的位置打个孔，用一个辐条穿过小球装好。这时候如果杠杆以辐条为中心开始转，它转几圈后就会停下来。

那么杠杆究竟会在什么状态停下来呢？

其实杠杆不会在水平状态下立刻停下来。杠杆会在水平的、垂直的、斜着的，甚至任何状态下保持平衡。因为杠杆的重心正好在杠杆的正中位置，而在这个地方，它刚好被辐条所支撑。所以要问杠杆停止旋转的时候是什么状态的话就很难回答。

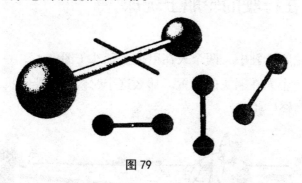

图 79

15. 在火车车厢里跳跃

由于现在交通的发达，我们经常会坐着火车到各个地方去旅游，可能我们会经常遇到很多有趣的事情。例如，当我们旅行的时候，我们坐在以每小时36公里的速度行驶的火车上，这个时候，你在车厢里往上一跳。会怎样呢？假如你在车厢里的空中停留一秒钟，你好好思考一下，当你再次落回到车厢地板上的时候，你会在哪儿呢？你是靠近车厢的前面还是靠近车厢的后面呢？当然还有第三种猜想，那就是你会不会在车厢的原位置不动呢？下面我们就来好好地分析一下，找一找这个问题的答案吧。

可能很多人会认为，当我们跳起来的时候，尤其是我们还在空中停留一段时间的时候，人一定不在原地了——因为你并没有动，而车可是飞快地行驶着的，所以你肯定落后了。但是这也只是你的小小的猜想而已。事实上，当你跳起来的时候，由于你受到了惯性的作用，你仍旧向前运动，你的速度与车厢的速度是一致的。于是，你仍旧会落在原来的位置。

16. 在行驶的轮船上玩球

假如轮船行驶中，两个人在甲板上玩球（图80）。一个人在船尾的位置，另一个人在船头的位置。那么这个时候，在船头掷球要轻松些还是在船尾要轻松些呢？

图80

如果这艘轮船匀速直线行驶，则两个人可以都很轻松地掷球给对方，就像在静止的船上那般。不要以为靠船头的人就离他跑出去的球越来越远，而船尾的人在迎着球移动。由于惯性的作用，船上的人和球与船在同样的方向是有着相同的速度的。也正是因为如此，参与的双方是公平的，因为匀速行驶的轮船对于双方的作用都是相同的，这和在地面上玩没有什么不同。

17. 旗帜飘扬的方向

如果气球被风吹向北方，那么气球吊篮上的旗帜会飘向哪个方向呢？其实气球相对于周围的空气仍旧是处于静止状态的，所以由这个原因我们就可以了解到，旗帜是不会被风吹向哪个方向的，还是会像在无风天气中一样保持下垂的状态。

18. 下坠的气球

生活中，我们可以看到热气球，而且很多人都很爱玩。那么，如果有一个人开始从吊篮里爬出并沿着吊绳往上爬，那么这个时候气球是会朝上运动还是朝下运动呢？

其实气球会往下坠。因为当一个人沿着吊绳往上攀爬的时候，他会把自己和气球都往反方向推。

19. 走和跑的差别

走路和跑步是我们每天都要做的事情。但是，跑步和走路到底有什么区别呢？

事实上，跑步和走路的区别并不仅仅是运动速度的区别。当我们走的时候，我们双脚的某个点和大地保持着接触。而当我们跑步的时候，我们却经常完全离开大地。

20. 自我平衡的棍子

现在伸开双手，然后将一根光滑的棍子放在两个食指上，保持棍子平放（图81）。当我们做到这一步的时候，移动两个手指，直到两根手指完全挨在一起。这时你会发现棍子并没有掉下去，而是继续保持着平

图 81

衡状态。你可以改变你手指的初始状态，但是结果都会是一个不变的状态。就算换成别的，比如尺子、台球杆或是地板刷，实验的结果都是相同的。

为什么会出现这样的结果呢？

因为棍子在紧紧挨着的手指上是处于平衡状态的，那么我们的两个手指相互碰触的地方是在棍子的重心下。

当我们把我们的两根手指分开的时候，更多的重量就落在了离棍子重心更近的那根手指上了。随着压力的增加，手指和棍子之间的摩擦力也会增加，离重心近的手指在棍子下不再滑动，移动的总是离重心远的那根手指。移动的手指刚刚比另一个离重心近些的时候，另一根手指又开始移动。这种来回的交换需要进行几次，之后两个手指会完全挨在一起。所以最终结果也将是两根手指在棍子中心接触。

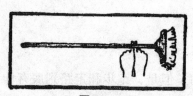

图 82-1

现在可以用刷子再做一次实验（图82-1）。这一回，如果在两根手指相碰刷子保持平衡的位置将刷子切断，把切断的两个部分分别放入两个秤盘里（图82-2），这时哪一边会更重一些呢？

既然两部分在手指上保持平衡，那么在秤盘上也应该保持平衡，似乎这个结果并没有什么不对。但是，如果你真的做了实验你就会发现，装刷子的秤盘会下沉。如果进行计算，可以得出结论，虽然刷子在手指上保持平衡，但是刷子两部分的重力是加在不同长度的

图 82-2

杠杆上的，但是秤上同样的压力是加在登场杠杆的两端的。

为了准备在列宁格勒文化公园举行的"有趣的科学展览"，我特意制作了一套有各种重心状态的棍子，它们都能从重心处拆成不一样长的两部分。

通过对这些棍子的两部分进行称量，参观的人们了解了一件事：将这些重心不在中点上的棍子分成两半，短的部分竟然比长的重。

21. 划船人

假如划船人划着船沿着河行进的时候，一块木块正好出现在划船人的船边。这时候有一个特别的问题：划船人是超过这块木块10米的距离简单还是落后这块木块10米容易呢？

其实这个问题无论是对普通人来说还是对在水上工作很久的人来说，都是有些难度的。大多数人都认为在顺流的水中划船更加容易，而如果在逆流的水中划船则会费力。于是，他们给出的答案大都是超过木块10米会更加容易些。

当然，如果要靠向岸边的话，顺流时比逆流时快上很多。而此时若你想到达的目的地不是静止的岸边，而是和你一起运动的东西，比如这个木块，那事情就会在根本上发生变化。

小船相对于河水来说是处于静止的，那么在这样的情况下划船和在平静的湖水里划船本质上是一样的。这种情况下，我们可以在湖上将船划向任何方向。

这就有了答案，无论是想要超过木块还是想要落后木块我们需要的劳动付出是一样的。

22. 水中的涟漪

无论是下过雨以后形成的小水洼，还是湖里面的水，向里边扔一个小石块，水就会激起一圈一圈的圆形波纹，即涟漪。

如果我们将石子扔进流水中会激起什么样子的波纹呢？

如果不是亲自来实验，大多时候都会有各种各样的猜测。有些人可能会认为流水里的波纹会变成长的椭圆形，而不再是圆形，但无论是什么结果都只是我们的一个猜测而已。如果亲自做了实验就会发现，即使是流动的河水，当你往河里面投入一颗石子的时候，所产生的波纹和静水中的波纹并没有什么不同之处。

从这个实验中，可以得出一个结论，石子激起的波纹形状如何和河水是否流动没有关系，而且无论河水流速多么大，所产生的结果都是一样的。被激起波纹的水的运动可以分成两个部分：辐射运动以及随着水流的移动。

如果我们将一块石头扔进静水中，这个时候水波是圆的。

那么无论水是匀速运动还是变速运动，都没有什么大的区别。无论水怎样动，波纹和水流都是平行移动的，所以波纹的形状没有别的变化，波纹依旧是圆的。

23. 烛火会向哪个方向偏

点燃蜡烛后，将燃着的蜡烛从一个地方移动到另一个地方的时候，烛火在移动刚开始的时候往后偏。但是如果把蜡烛放在一个封闭的蜡烛罩里，烛火会往哪个方向偏呢？当我们平举着带有蜡烛罩的蜡烛绕着自己匀速转，蜡烛罩里的烛火又会往哪儿偏呢？

如果认为蜡烛罩里的烛火在运动时不会发生偏移，那就错了。用一根点燃的火柴来亲自试验一下吧！实验中，如果用手护着移动的蜡烛，蜡烛的火焰确实会走偏，但不是往后偏，而是往前偏。其原因主要是由于蜡烛火焰处空气的密度要比它周围空气的密度小很多。在同样的力量作用下，质量小的物体移动的速度要快些，因此蜡烛罩里的火焰要比蜡烛罩外边的空气运动得快些，这也就是蜡烛的火焰会往前偏这个现象的原理。

当然我们也可以用上面的理论来解释蜡烛罩旋转时里面烛火火焰的现象。蜡烛罩里面的烛火会往蜡烛罩里面偏，就像离心机上球里水银和水的分布情况。假如把旋转轴的方向看作反方向，这个时候水银离旋转轴就会比水要远，水好像要流进水银里。同理，因为蜡烛的火焰处的空气会比周围空气轻，所以烛火的偏移方向自然就可以理解了。

24. 中间松垂的绳子

生活中我们不可避免会用到绳子，比如绑在两棵树中间用来晾衣服。但有时候绳子的中间会松，需要将绳子拉紧，我们究竟需要用多大的力气才能够让绳子中间绷直呢？

其实无论用多大的力气来拉绳子，都不可能把绳子完全拉直，绳子的中间总是下垂的。之所以中间很松，就是因为重力的方向是竖直向下的，但是我们拉绳子的力却不是竖直向上的。这两个力的合力不是零，所以绳子才会下垂。

无论绳子被我们拉得有多么直，都不可能让绳子绷成真正的直线，当然我们是横着拉着绳子的，只能尽量地减轻绳子的松垂程度，不可能减为零。所以，绳子的中间都是松垂的。

同理，吊床上的绳子也不可能被拉成水平线。无论多么紧的吊床只要人躺在上面，那么绳子就会下垂的，并且随着时间的增长，绳子的下垂也会更加严重。

25. 如何扔瓶子

有很多人坐火车的时候喜欢把没有用的瓶子扔向车厢的外面。虽然这并不是很文明的行为，却能引发并非素质方面的思考：应该朝哪个方向扔，才能减小瓶子被摔碎的危险呢？

我们都知道如果有突发状况，跳火车的人都是顺着火车行驶方向从车厢往外跳的。于是很多人都会以为，只要将瓶子顺着火车行驶的方向扔，那么它落地要就要轻一些，可这样是不正确的。我们应该将瓶子往后扔，也就是与火车行驶相反的方向才可以。这样扔出瓶子所带的速度去除惯性让瓶子具有的速度，最后瓶子将以被减缓了的速度落地，瓶子受到的冲击力也会减小。如果将瓶子朝前扔，那么瓶子的两个速度将会相加在一起，落地受到的冲击力就会增加，更容易碎裂。

但是对于人来说就是和瓶子相反的了，如果在危险来临时不得不跳车，顺着火车行驶的方向来跳的话摔死的概率会比往后跳小很多。

26. 瓶子里的软木塞

当软木塞由于太小而掉进瓶子里的时候，无论你怎样倾斜或者摇晃瓶子，向外流的水就是不能把软木塞从瓶子里面带出来。只有把整个瓶子倒过来，放尽最后一点儿水的时候，瓶子里的软木塞才和这最后一点儿水一起流出瓶子。这是什么原因呢？

水之所以没有带出软木塞，主要原因就是软木塞要比水轻，它的状态是在水上漂着的。最后，我们将瓶子倒过来了，瓶子里的水几乎没有之后软木塞才接近瓶口。所以软木塞只能随着最后一点儿水从瓶子里面滑出来。

27. 春汛的特殊现象

这次我们要了解的内容是有关春汛的。可能大家还不知道春汛是怎么一回事，所以我们就来了解一下春汛。春汛时有一个特殊的现象，河面的中间部分水位会高一些，而河的两岸水位会低一些。如果春汛的时候河里面有木材漂浮的话，那么木材就会漂向岸边，河流的中央是空的（图83）。与这个现象相反的就是在枯水的季节，这个时候你就会发现水位变得很低，河流表面会凹下去，此时你就会发现中间的水位要比岸边水位低，这时候河里面的木材就会漂向河流的中央。

为什么会产生这样的结果呢？为什么汛期和枯水期会造成河流表面凹凸不平的现象呢？

事实上，位于河流中央的水总是要比岸边的水流得快一些，因为水与河岸之间的摩擦，导致了水流的速度减缓。到了汛期的时候，大量的水会

图83

从上游涌过来，由于河水在中央的位置要比岸边的位置流得快一些，流速大一些，导致河水比较多，河面自然也就鼓起了。枯水期的情况跟春汛刚好相反，河中央的水流得快也导致了从中央流走的水更多，这个时候河面自然会变成凹形。

以上介绍的就是春汛时候河水的特点。

28. 液体向上也有压力

就像人站在地上，会给地面一个压力一样，瓶子里的液体也会给瓶子施加压力。液体不但会往下压迫容器的底部，而且还会压迫容器壁。不但如此，液体还会向上施加压力，这一点很多人都不会关注。其实，这个结论很简单，也很好证明。我们用一个实验用的玻璃管就可以证实这个结论的正确性。在做实验前，首先要用硬纸片剪出一个比玻璃管管口大一点儿的圆片，然后我们用剪好的圆片将玻璃管的下头盖住，之后将这个玻璃管放到水中。一开始放玻璃管的时候，我们可以用手堵着带有圆片的玻璃口。防止纸片掉落。当玻璃管下到一个比较深的位置时，就可以放手了。纸片是不会掉下来的（图84）。

如果对这个力的大小感到好奇，你完全可以从上面测出此时水的压力有多大。小心地往玻璃管里注水，玻璃管内的水面刚一接近容器的水面，圆片就会掉下去了。这说明液体从下方对圆片的压力与水柱从上放给圆片的压力是相等的，水柱的高度和圆片在水下的深度也是相同的。液体对所有被压物体的压力都遵循这一点。这里也得出了著名的阿基米德定律——液体里物体"失重"。

如果你有不同形状但开口一样的玻璃管，那么你就可以做另外一个实验，来证明无论容器底部的形状如何都与液体对容器底部的压力没有任何的关系，而有关系的只是容器底部的面积和水面高度这两点。如果你要验证这个结论，第一个要准备的就是各种不同的玻璃管。把玻璃管浸入与标好的刻度平齐的深度，你会发现当水位达到我们标注的水位的位置的时候，圆片下落（图85）。各种形状的玻璃管水柱的高度一样，压力也是一样的。

图 84

图 85

29. 哪个桶更重

如图所示，准备两个一样的桶，将两个桶都装满水，在某一个桶的上面放一块木块，然后我们通过秤来计算一下哪一个桶更重（图86）。

对于这个问题，大家的答案都会趋向两个方面，并且有所解释。

有一些人认为放了木头的那个桶更重些，因为除了满满的一桶水以外还有木头的重量。当然，也有人认为是装满水的桶更重，这些人一致认为水比木头要重。

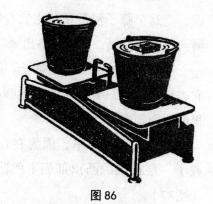

图 86

虽然大家都给出了相应的解释，但是这两个答案都是错的。经过科学实验的验证发现，这两个桶重量其实是相同的。根据漂浮的规律我们就可以知道，漂浮的物体浸在液体的部分是和排开的液体的重量相等的。所以把两桶水放在秤的两边，秤会保持平衡。

接下来我们做一个别的实验，首先在秤盘上放一杯水，然后往杯边加小砝码。我们借助砝码让秤来保持平衡。如果我们将一个砝码放到有水的杯子里，那么秤会发生什么呢？

根据阿基米德定律，可以做出判断，此时水中的砝码要比砝码在外面时轻些。按照常理来推断，有杯子的秤盘会立刻升高，而实验的结果显示，此时的秤仍然保持平衡。这是什么原因导致的呢？

我们把砝码放入装满水的杯中，砝码就会排出部分的水。排出来的水就比原来的水面要高，我们就会发现容器底部受到的压力增大了，这个力的大小正好是砝码的对秤盘的压力。

30. 奇怪的筛子

有一句谚语是这样说的："竹篮打水一场空"。意思就是说用竹篮子打水，是打不上来的。童话故事中有些篮子可以用来打水，现实中也是有的。

现在准备一个直径为15厘米、筛眼不是很细（1毫米左右）的金属筛，把这个筛子浸没在融化的石蜡里。当我们看到筛子上覆盖了一层薄薄的石蜡的时候，把筛子拿出来。

虽然此时的筛子还是筛子，筛眼也还是筛眼，但是这时已经可以用它去打水了。只要倒水的时候够小心，筛子里的水是不会洒出来的。这里的原因到底是什么？

原因其实很简单，因为存在不会水被浸湿的石蜡。它在筛眼处形成了一层很细的凸出部朝下的薄膜，这些薄膜兜住了水，不让水流出（图87）。

图87

这样的筛子也可以平放到水面上，它会漂在水面不会下沉。

生活中我们经常会看到类似的现象，例如，我们给酒桶涂树脂，给软木塞涂猪油，给某些东西刷油漆，从而避免水的侵蚀。这些做法要达到的效果和筛子盛水的实验原理是一样的。只不过是不同的东西罢了。

31. 吹出美丽的肥皂泡

你会吹肥皂泡吗？

先前我总是认为吹肥皂泡并不需要任何的技术要求。但是我亲自尝试过之后我才明白，把肥皂泡吹得又大又漂亮的的确确是一门艺术，需要大量的练习。

但是有没有必要浪费这么多的时间去做大量的吹肥皂泡练习呢？

肥皂泡大多数时间只能作为回忆了。但是英国物理学家凯尔文却写道："吹个肥皂泡吧，并请你仔细地看着它，你可以一辈子研究它，从它那里不停地发现物理课题。"

确实，物理学家可以从色彩缤纷的肥皂泡表面上想到测量光波长度的方法，通过对肥皂泡薄膜拉力的研究，从而发现分子间力的作用规律——如果地球上缺少薄膜拉力，那么地球上除了最细小的灰尘，其他都将不复存在。

接下来我们要介绍吹肥皂泡的技巧，从而能够让你更好地吹肥皂泡泡。这并不是很严肃的课题，而是纯粹的消遣。英国物理学家博依斯在《肥皂泡》这本书里同样介绍了很多吹肥皂泡的实验。如果你有兴趣的话，你可以去图书馆借这本书，然后好好研究一下。好的，今天我们就了解一些简单的实验。

其实无论什么样的肥皂液都是可以吹出泡泡的。但是有些肥皂可以吹出很大的泡泡，例如马赛皂、纯橄榄皂或者杏仁皂，这些类型的肥皂液非常适合吹出又大又美丽的肥皂泡。我们今天就是要吹出大泡泡。

用刀切一小块这种肥皂，放入纯净的冷水里，让肥皂在水中溶解，形成足够浓的肥皂液。冷水最好选用雨水或者雪水，凉开水也可以。如果想让肥皂泡更持久，可以在肥皂泡里面放入相当于溶液容积1/3的甘油。之后撇掉表面的沫子和泡泡，找一个底端从里到外预先抹上了肥皂的陶管，放到溶液里面。当然，用10厘米左右长，末端呈十字形劈开的麦秆也能取得很好的效果。

下面我们就准备来吹肥皂泡泡了：把管子放到溶液里，然后垂直拿出来，用嘴往管里轻轻吹气，此时就会有泡泡往上飘了。

如果你能马上吹出一个半径为5厘米的泡泡，说明你的溶液调得很好。如果不够大，你就需要往溶液里面加肥皂了，但只需加到可以吹出这样的泡泡即可。当你吹出泡泡的时候，你可以用手沾上肥皂液轻轻地碰一下泡泡，如果它立刻破了，那么你还是应该将肥皂液调得浓一点儿。如果不破，那就可以安心地实验了。

我们吹泡泡的时候应该注意实验的效果，也要讲究泡泡的质量。一个好的肥皂泡可以像彩虹一样美丽。

下面我们就来做一些很有趣的泡泡实验：

花上的肥皂泡。做实验前，先在碟子里面倒些肥皂液，让托盘底部覆盖一层2~3毫米的溶液，托盘中间放一个用玻璃漏斗罩住的小花盆。接下来我们慢慢揭开漏斗，往漏斗的细管里面吹气，这时候肥皂泡就开始形成了，随着不断地吹气，漏斗里的肥皂泡会越来越大。当肥皂泡足够大，就要把漏斗充满的时候（图88），从漏斗下把肥皂泡放出来。这时候你就会发现肥皂泡薄膜是五颜六色的，而花朵就躺在这个漂亮的透明罩子里。

可以用头顶肥皂泡的雕像来替换肥皂罩子里的花朵。如果想要这么做，必须先在雕像的头上洒几滴肥皂液，在你吹出的大泡泡即将成形的时候，就可以穿过大泡泡去吹里面的小泡泡了。

一个套着一个的肥皂泡。由于刚才已经用漏斗吹出了一个大的泡泡，现在只需要把麦秆放到溶液里面，只留用来吹的一小截在外面，取出后仔细地刺入第一个泡泡的中心，非常小心地将麦秆往回拉。要注意，不要让麦秆到最边上，这样你就可以在第一个大的泡泡里面吹出一个小的，之后用同样的方法在第二个泡泡里面吹出一个更小的，然后是第五个、第六个，等等。

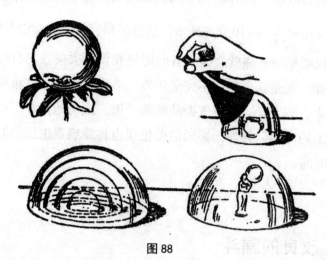

图88

肥皂膜做的圆柱体（图89）。图中就是在两个铁环之间用肥皂膜做出了一个圆柱体。如果要达到这种效果，首先，要在下面的铁环上放置一个球形肥皂泡，接着用浸湿了的第二个铁环紧紧地贴在第一个肥皂泡的上面，开始往上提，慢慢地拉伸肥皂泡，直到它成为圆柱形。有趣的是，当上面的铁环被提到一个比铁环周长还长的高度，这圆柱体一半就会变尖，另一半则会变宽，然后就分成了两个肥皂泡。

肥皂泡的膜一直都是拉紧的，压缩着封闭在里边的空气。如果把铁环往烛火方向移动，你就会看到，虽然肥皂泡的膜很薄，但是它可以让火焰明显偏向一边。

观察肥皂泡从温暖环境到寒冷环境所发生的变化很有趣，它的体积会明显变

图89

小。如果反着来，它的体积又会明显增大。其原因主要就是肥皂泡里面的密闭空气热胀冷缩。这里我们可以做出一些对比，肥皂泡在-15℃的环境中体积是1 000立方厘米，当移动到15℃的环境中，它的体积就应该扩大约 $1\,000 \times 30 \times \dfrac{1}{273} \approx 110$ 立方厘米，从这里很容易就能看出差别。

有人说肥皂泡一碰就会破，有时即使我们不去碰，它自己也会在短时间内破掉。但是这个想法不完全正确。英国物理学家吉雅尔把肥皂泡保存在防尘、防干燥、防空气振动的瓶子里，成功地保存了一些肥皂泡一个月以上的时间。另外，美国的劳伦斯也将玻璃罩里放的肥皂泡保存了几年的时间。

32. 改良的漏斗

无论我们是在实验室里，还是在日常生活中，都会看到很多关于漏斗的真实案例。在实验室里面，我们用漏斗向瓶子里倒液体的时候，经常会发生一种现象，如果过一小段时间之后不把漏斗提起来一下，液体就会阻塞。生活中也会有这种现象，人们去称散的液体比如酱油、醋或者枣酒的时候都会遇到这种情况。那么，为什么会发生这种现象呢？

当瓶子里液体越来越多时，瓶子里的空气找不到出口，就会用自己的压力顶住漏斗里的液体。当我们倒液体的时候，一开始并没有什么阻挡，瓶里的空气正在被液体压着，会稍微压缩一些。但是过一小段时间以后，随着液体的增多，空气就会被压缩到一个不能再压缩的体积，此时它将拥有增强过的张力，足够与漏斗中的液体重力抗衡。

如果想要继续添加液体，就必须要将漏斗向上提一下，让空气跑出去，这样液体就会继续开始流动。

所以有些人就这个问题做出了一些设计，比如在漏斗颈外部设置一个纵向的篦子。篦子会让漏斗和瓶颈分开一些距离，从而避免液体断流情况的发生。当然日常生活中不会用到这个，只可以在实验室里见到这样的过滤器。

如果把杯子倒着放，杯子里面的水会有多重？

估计很多人都会说：这是一个空的杯子吧，水早就洒出去了，怎么还会重呢？

但如果不想这一点，再考虑一下杯子里水的重量呢？

其实有办法把杯子倒着放置成水洒不出来的样子（图90）。把一个高脚杯倒扣在装满水的秤盘上，然后用绳子系住杯子的底部，将杯子挂在秤杆上。这样杯子里的水就不会流出来了，因为杯子是沉浸在装有水的器皿里。之后在另一边挂上一模一样的空酒杯。

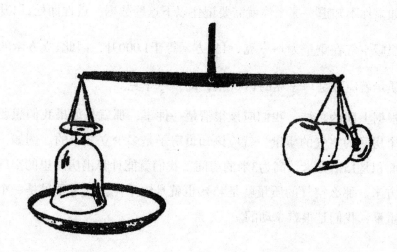

图90

现在哪个更重一些？

重的自然是挂着有水的倒扣酒杯那边。这只酒杯从上经受完全的气压，从下经受的则是被杯中水重削弱过的气压。为了平衡必须把另一个空酒杯倒满水。然后即可推算，倒扣杯里水的重量应该和正放杯中水的重量一样。

33. 一个房间里空气的重量

当你在一个房间里的时候，你有没有想过这个房间里的空气有多重？你能用类似于千克这样的计量单位准确地说出来吗？这样的重量你是很轻松地用手指提起，还是很困难地肩扛？

古时候的人认为空气并没有重量。虽然现在的人们都知道空气是有重量的，但只有少数人能够准确地说出空气的重量。

如果你不知道，那么你就需要记住以下这些数据：近地面处，1升夏季的温暖空气在重量为$1+\dfrac{1}{5}$克，1立方米等于1 000升，因此1立方米的空气的质量就应该是$1+\dfrac{1}{5}$克的1 000倍，即$1+\dfrac{1}{5}$千克。

根据上面的总结，我们应该很清楚一件事，那就是如果我们想要计算一个房间的空气的质量，就应该知道房子是多少立方米的。例如：有一个面积是15平方米，高为3米的房间，我们就能计算出房间里的空气为45立方米。那么空气的质量就是45+9也就是54千克。这个重量是一个很重的重量，我们是很难拿动的。

34. 调皮的塞子

我们这次所做的实验能够让我们清楚地观察到空气被压缩后所具有的力。

为了做这个实验，我们需要做一些实验前的准备，找一个普通的瓶子和一个比瓶口小一点儿的塞子。

把瓶子水平放好，将塞子塞入瓶颈中，吹气下压塞子。

虽然往瓶子里面吹气很容易，但是把塞子下压却比较困难。甚至如果你更加用力地吹塞子，你会发现塞子从瓶子中飞出来，并且你越用力往下压塞子，塞子就会越快地飞出来。

要想将塞子塞到瓶子里面，其实不难，反过来做，从瓶口往上吸气就可以。

虽然听起来很荒唐，但确实存在科学依据。向瓶颈里吹气的时候，气体会通过塞子和瓶颈侧壁的空隙进入瓶子中，大大增加了瓶中空气的压力，所以瓶子里面的空气就会把塞子向外挤，塞子就会飞出来。向外吸气正好产生相反的结果，瓶中的空气被你吸走了，外部的气压比里面的气压要大，于是塞子自然向下压。但是瓶颈必须干燥，这样才不会限制塞子的运动。

35. 气球会飞向何方

小孩子一般很喜欢气球这种玩具，父母通常也会给他们买气球玩。然而，有时候可能是一个不经意，就让气球飞走了。虽说这对于小孩子来讲实在是件伤心的事情，但是对于我们来讲却可以引出思考：气球到底飞到哪儿去了呢？它是不是可以无限高度地飞呢？

研究发现，生活中的气球飞行高度是有限制的，并不会飞到大气层的边界，只会飞到理论上的"最高限度"。当气球飞走时，会受到高空空气的真空度的影响，所以造成气球的重量与气球周边的空气重量相等。此时气球也将不再高飞。但是，气球往往不能飞到那个"最高高度"。气球上升的时候，由于外部气压降低，内部气压相对增大，它会慢慢地膨胀起来，最后就会随着响声爆裂了。

36. 吹灭蜡烛的方法

可能大多数人都不会把吹蜡烛这种小事放在眼里。但是如果你用其他的方法试一试，你会发现蜡烛也是很难被吹灭的。例如，不用嘴直接对着蜡烛，而是用一个喇叭吹，这时候你就会知道这需要独特的技巧。

确实是用喇叭对着蜡烛吹，但是蜡烛却不动，这是什么原因呢？

很多人都会将喇叭靠近蜡烛火焰然后再实验一次。但是这一次的结果就更加难以置信了，蜡烛的火焰飘向了喇叭的方向（图91）。

图91

难道我们就吹不灭这个小小的蜡烛了吗？其实这里面有一个技巧，那就是放喇叭的时候，你要让蜡烛的火焰在喇叭壁的延长线上。如果你这样做，燃烧的蜡烛很快就会被吹灭。看看图92你就会明白了。

这的确是个好方法，依据就是：从喇叭细的部分吹出来的气流，是沿着喇叭壁散发出来的，所以喇叭边缘处才是我们吹出的气体。喇叭中部的气体会回流。通过这个依据，我们就知道为什么喇叭边缘靠近蜡烛，蜡烛火焰就会熄灭，而当我们像图91那样靠近蜡烛吹的时候蜡烛的火焰会飘向喇叭的方向了。

图92

37. 汽车车轮的秘密

生活中我们经常会看到汽车。当汽车轮子向右滚动时，汽车的轮圈就会顺时针转动。那么你有没有想过橡胶轮胎中的空气是如何运动的呢？是和轮胎运动的方向相同还是相反呢？

其实轮胎内的空气在被压缩的地方向两个方向运动，而不是只向一个方向运动。

38. 为什么轨道之间要留出空隙

在火车轨道的接头处一定会留有一些空隙。你可不要小看这个空隙，如果轨道一条接一条地紧密排列，那么铁路交通百分百是会出问题的。因为，无论什么东西在高温状态都会膨胀，铁轨也不例外。炎热的夏季，钢轨就会变长。此时一开始在轨道接头处留有的空隙就发挥作用了，让轨道有了伸缩的空间，铁轨也就不会向别的方向弯曲，大大减少了轨道的损害。

而火车轨道的铺设一般在冬天，这时候轨道因为气温低而收缩，会比原来更坚固。由此可以看出铺设轨道要考虑到这个路段的气候状况。

生活中还有很多热胀冷缩的例子，你可以多加思考，丰富自己的知识。

39. 不同的杯子

杯子是我们日常必不可少的物品，有些杯子特意设计成厚底，这样比较结实，不会轻易摔碎。但是很多人不用厚底的杯子泡茶，这是什么原因呢？

很多人不用厚底的玻璃杯来盛装热饮是因为这样的杯子杯壁很容易传热，比厚实的底部扩散得厉害，很容易破裂。而薄的杯子整体均散热很快，热量很快就散到了各个地方，并且由于杯壁和杯底厚度差异不大，杯子受热比较均匀，不容易产生因受热不均碎裂等事故。

40. 茶壶盖上为什么留一个孔

无论是我们家里面的茶壶，还是超市摆放整齐的茶壶，壶盖上都会有一个小孔。这个孔是蒸汽的出口，如果没有这个孔，倒入茶壶中的热水遇冷产生的水蒸气就会将茶壶盖掀起来。但是，我们都说物体会热胀冷缩，那么这个小孔会和茶壶盖子一样因为受热变大吗？还是由于茶壶盖向四周扩张而变小？

答案是，当茶壶的温度升高时，茶壶盖上的小孔会变大。温度升高容器膨胀，是容器整体在膨胀，所以茶壶的孔也会变大。同样的道理，器皿的容量在加热时也会增大。

41. 奇怪的烟

如果天气晴朗，没有强风，那么烟囱里冒出来的烟就会向上飘。可能人们会认为这很自然，不需要解释。但是你想不想知道真正的原因究竟是什么呢？

下面我们就来揭开烟囱里的烟向上飘的秘密。高温扩散的热气流会带动烟的上升，而且烟囱里的烟会比烟囱周围的烟雾更轻。当烟周围的空气温度降低，烟雾就会贴着地面飘散了。

42. 烧不着的纸

并不是所有的纸都是可以燃烧的，下面这个实验就将展示不会燃烧的纸。在做实验前，我们需要把纸条在细铁棒上按照螺旋的缠法缠好。这样，火苗将纸条熏黑，即使细铁棒被烧红了，纸条也是不会燃烧的。

这一切之所以会发生，也是存在科学依据的。因为铁的传热性能很好，所以铁棒能够将纸条从火焰上吸收到的热量以很快的速度发散掉。如果我们将实验中的细铁棒换成小木棒，那么纸条就会被烧掉了，主要就是因为木的传热性很差。

如果你把纸换成细线，也可以达到同样的演示效果。

43. 冬天如何不让房间的热量散失

冬天到来，我们肯定会感觉到冷。所以为了保暖，我们可以将窗户用各种方法紧紧地塞住，从而保存屋内的热量，保持一个舒适的温度。为了更好地塞住窗框，首先得要弄明白为什么两个窗框就可以保暖。

更多的人都会认为，冬天装两个窗框要比一个窗户好。但是这只是人们的一个不成熟想法而已。两个窗户之间的空气才是重点。

空气的传热性很差，因此两个窗户之间的密闭空气不会带走或是带来热量，以至于能使房间冬暖夏凉。

但是，要想达到这样的效果，必须要把空气的出口完全堵上。有些人为了要空气流动常常会在窗户上留一些缝隙，这样做的话会使窗框之间的空气被冷空气所取代，直接造成房间的温度降低。所以要让房间保暖，必须要将两扇窗的所有缝隙都堵上。

不塞窗框的话，用纸裱糊窗框也可以使两扇窗中间的空气密闭，从而保持房间的温暖。

44. 关上窗户为什么还有风

有时候我们会遇到很多奇怪的状况，让我们百思不得其解。例如在寒冷的冬天，即使已经将窗户关得紧紧的，并且还把窗户的缝隙都糊上了，然而还是时常有风从窗户吹过来。说白了这现象并没有什么奇怪之处。

我们都知道空气是流动的，房间里的空气自然不例外。无论什么时候，房间里都存在着热气流和冷气流。房间的温度如果很高，那么空气就会膨胀起来，就会变轻；如果房间的温度降低了，那么空气就会收缩，就会变重。暖炉暖气周围的热空气由于变轻而上升，窗户边的冷空气变重而向地面沉淀，形成空气对流，也就是风。

虽然我们用肉眼看不到这种现象，但是我们可以用气球来发现这些气流的变化。我们用很长的线拴着气球，然后让气球自由地在空气中飘荡。这时气球会靠近暖炉，然后随着不可见的气流而飘动。通过气球我们就可以知道，房间里的气流是从炉子周围到天花板然后再到窗户的位置，在窗口下降至地板，再次回到暖炉。这种情况会在房间里一轮一轮地循环。

冬天的时候我们总是感觉脚下很冷，并且总感觉即使关了窗户，还是会有风，就是这种循环引起的。

45. 冰如何制冷

炎热的夏季，冷饮是很多人都喜欢的东西，既能解渴又能解暑。但你知道如何用冰块将饮料变凉吗？是放在冰的上面会凉得快一些还是放在冰的下面凉得快一些呢？

生活中，更多的人将饮料放在冰的上面，我们如果要加热某种东西，确实会将这些东西放到火上方加热，但是制冷却是应该从上面进行。

由于冷的饮料比没冰冻的饮料重一些，所以当你把冰放在饮料的上面，那么饮料贴着冰的部分就会先被冷却从而下沉，也正是因为此，不需要很多的时间，瓶子里的饮料就都会与冰直接接触，从而使整瓶饮料被冷却。但是，如果你把冰放在饮料的下面，那么饮料的最底层就会先冷却，而且会一直沉在底部，使得没有被制冷的饮料无法与冰近距离接触。在没有搅拌和摇晃的前提下，整个的制冷过程会非常慢。

从上面我们知道饮料从上面制冷更合适。其他的例如肉、蔬菜、鱼和饮料是同样的道理，也需要把冰放在上面来制冷。因为这里的制冷依靠的不仅仅是冰本身，还有被冷却了的空气。冷空气下沉，热空气上浮。所以当你需要制冷的时候，把冰放在比较高的位置才能更好地达到制冷的目的。

46. 水蒸气有颜色吗

你见过水蒸气吗？它是什么颜色的？

准确来说，水蒸气和空气相同，都是看不见的、摸不着的、无色的、透明的、没有气味的。而白雾状"蒸汽"则是雾状的水，是由细小的水滴凝聚而成，它并非水蒸气。

47. 会唱歌的茶炊

在水沸腾之前，茶炊会发出响声。这究竟是什么原理？

贴近茶炊壶口的水由于高温很快就会变成蒸汽，在水面形成小气泡。由于水中的气泡很轻，会被它附近的水往上挤。当水中有气泡形成时，水的温度还没有达到100℃，这时候气泡产生的蒸汽就会冷却，气泡壁也会在水的压力下紧密地合拢。这样，水还没有沸腾的时候就会有越来越多的气泡往上升，但还没有到达水面便带着轻微的爆破音开始合拢聚集。这就是水沸腾之前我们听到气泡的爆破声的原因。

当水壶中的水加热到沸点，气泡就会停止聚合并且穿过水面，这时候就没有了爆破声。当茶炊开始冷却，发出爆破声的条件再次满足，我们就又会听到爆破声了。

通过以上分析，我们就会知道为什么水没有沸腾时或者冷却时会有爆破声以及为什么水如果沸腾爆破声就会停止。

48. 你想不到的旋转方式

这次的实验，我们需要用到一块厚纸板，我们用剪刀在厚纸板上剪下一个长方形，沿中心对折再重新弄平整，这样你就可以很轻松地找到长方形的重心了。现在，用针支撑这个点时，纸片会保持平衡，如果此时有微风吹来，纸片就会轻轻地旋转，并不会掉落。

实验做到这儿，我们并没有发现什么特别之处。接下来我们根据图93所示的情况，把手尽量地靠近纸片，然后用手护着纸片，不要让气流把纸片吹走。这时候你就会看见纸片开始由慢到快地旋转。但当你把手挪开时，旋转又会停止。不管反复几次，结果都是这样不可思议。

图 93

对于这种现象，人们或多或少展示出一些结论。大约19世纪70年代的时候，很多人都认为我们的身体拥有某种超自然特性，更有甚者，一些神学研究者为此说人的身体有着一些不为人知的神秘力量。这些在当时听起来是那么的可信，但是现代科学给出了答案：你的手掌加热了周围的空气，导致它们向上升，引起了纸片的旋转。

这种旋转都有固定的方向，从手腕沿着手掌到手指。主要原因是因为手的这些部位有温度差，手指端总是比手掌凉些。这时候手掌就会形成更强的上升气流，对于纸片来说，冲击力要比手指端产生的冲击力大很多。

49. 不会发热的毛皮大衣

冬天天气十分寒冷，如果穿上一件毛皮大衣，那么便会暖和很多。但是，毛皮大衣会不会发热呢？如果不会，那为什么穿上之后感觉暖和呢？

证明这一点的实验很简单，先记下温度计的度数，然后把它放进毛皮大衣中。几个小时你取出来后看看度数，便知道毛皮大衣究竟是否发出了热。

事实证明，温度计并没有升温，度数还是一开始的度数。通过这一点我们就足以明白，毛皮大衣是不会发热的。温度计的度数如果不是有外力干扰，基本是只升不降。那么，毛皮大衣会不会变冷呢？我们来找两个装了冰的小瓶子，把其中一个瓶子放在毛皮大衣里面，另外一个放在房间里。一段时间之后，观察两个瓶子中冰的情况，发现房间中瓶子里的冰融化了，而毛皮大衣里的冰还没有融化。毛皮大衣不仅没有使冰块升温，反而起到了制冷的作用，使冰融化的时间变长了。

怎么来驳斥这个结论呢？

答案就是没有办法。毛皮大衣的确不能发热。"发热"，如果定义为热量的集合，那么人体可以发热，灯可以发热，炉子可以发热，这些都是发热的热源。但从这一点上看，毛皮大衣并不能发热，也不能给自己热量，只能阻止我们身体热量的流失。我们的身体就是一个热源，穿着毛皮大衣会降低身体热量的散发和流失，会比不穿要暖和些。温度计自然和毛皮大衣一样也并非热源，所以即使把温度计放入毛皮大衣中，它的度数也不会改变。而毛皮大衣里的冰块延缓融化这一现象，只能够说明毛皮大衣传热性太差，延缓了冰块的融化。

我们都知道这样一个谚语：冬天麦盖三层被，来年枕着馒头睡。其实这个谚语的理论依据跟我们刚说的毛皮大衣现象的理论依据是一样的，粉状的雪传热性能同样很差，同样能够防止土壤上的热量的流失。如果你把温度计分别放在有雪层覆盖的土壤上和无雪覆盖的土壤上，你就会发现，覆盖雪的土壤温度要比无雪覆盖的土壤高。农民知道这一点，再加上雪化之后能够提供充足的水分，所以才会根据雪的厚度来判断来年的收成。

实验过后，我们得出了结论：毛皮大衣并不会产生热量，并不会发热，它只能防止我们身上的热量散失。说白了，是我们在给毛皮大衣加热，而不是毛皮大衣给我们加热。

50. 冬天如何给房间通风

冬天温度很低，很多人都不愿意开窗户，所以如何在冬季及时地通风就变成了一个问题。这里我们介绍一个方法：用炉子生火的时候，打开通风窗通风。外面的空气很新鲜，温度也低，打开通风窗时，冷空气便会把房间里的温暖空气挤进炉子里，这样烟囱就让房间里的空气与外面的空气形成对流，能够很好地换气。

除此以外，我们还应该想到，即便通风窗关着，也不会影响到换气，外部的空气会通过墙壁上的缝隙渗透进房间里。但是这些渗进房间的空气太少，达不到帮助炉子生火的目的。因此，除了来自外界的新鲜空气，房间里也有经地板缝隙和房间隔板渗入屋子的不干净不新鲜的空气。

在图94、图95中可以很明显地看出来两种情况下空气的差异。（空气流由箭头指向标明）

图94

图95

51. 通风窗安装在哪里好

经过了思考之后，虽然发现了冬天最好的通风办法，但是把这个重要的通风窗安在窗户下面还是窗户上面呢，安在什么地方比较合适？很多用户都会为了开关方便而将通风窗安装在窗户的下面，但是窗户下面的通风窗并不能很好地给房间通风。外界的空气较冷，比屋里的空气更重，对屋内的空气产生了挤压。进入房间的冷空气只会占据通风口下方，上面的较暖空气是无法对流的。

52. 用纸做锅

由图96，我们可以看到，鸡蛋在盛满了水的纸质尖底锅中煮着。

图96

"你看纸很快就要烧起来了，水会浇灭火焰的。"看到的人几乎都会这么说吧？

为了能够更好地理解这个实验，我们需要亲自试一试。准备一张厚牛皮纸，将它固定在金属丝上，在里边倒入水，放入鸡蛋。这个时候纸是不会被烧着的，因为水只有达到沸点时才会在敞开的器皿中烧开，也就是达到100℃。水的热容很大，正在加热的水可以吸收纸多余的热量，纸被加热的温度不会超过水的沸点也就是100℃，不会让纸燃烧。图96中底下的纸盒也是如此。尽管火焰把纸重重包围，但是纸并不会燃烧起来——这一点在前文中也有所叙述。

虽然这个实验比较有意思，但是某些情况下这就不再有意思了，如果人们将没有盛水的空茶炊放在火上烧，茶炊十有八九会开焊。其实这很好解释，焊料熔点比较低，很容易熔化，唯一能够防止这种情况发生的方法就是使它与水紧密接触。当然根据这个情况推断，同样不能把没有水的钎焊锅放在火上烧。

你也可以再做一个实验，用纸做一个小纸盒来熔化铅的填充物。有一点需要注意，要把火焰正对着纸盒与铅接触的地方。铅，或者说金属都是相对好的传热器，纸上的热量能够迅速地转移。铅的熔点是350℃，这样的温度还不足以令纸燃烧。

53. 为什么要用玻璃灯罩

我们可以在商场里看见各种各样的灯罩，随着人们对美的要求不断增高，灯罩的样式也不断地增加。一开始人们用火照明的时候，并不用玻璃去保护。莱昂纳多·达·芬奇是个天才，他想到了对灯的完善措施。虽然他开始用一些东西罩住火苗，但并没有用玻璃，而是用金属筒。就这样三个世纪之后，人们才发明了玻璃筒，用玻璃筒代替金属筒。由此看出，玻璃灯罩这项发明经过了数十代人的努力钻研。

　　故事讲到了这儿，我们也该有所思考了：为什么要用灯罩呢？

　　这样一个问题会产生各种各样的答案，但是有一个答案大家可能张口就能够答得出来：它可以保护火焰不被风吹灭。这确实是灯罩的一个作用，却不是最重要的一个作用。玻璃灯罩可以提升火焰的光度，加速燃烧过程，还能够加快空气向火苗流动，加强通风换气，使罩子内的燃烧物更好地燃烧。

　　那么，为什么使用玻璃灯罩会加快空气流动呢？主要原因就在于玻璃灯罩内部的空气比外面空气的温度高很多，空气温度升高，空气变轻，从玻璃灯罩上面的孔出去，与此同时外面的冷空气也会从下面进入。这样就形成了自下而上的空气流，不间断地带来新鲜空气。如果灯罩高度增大，下方的冷空气和上方的热空气温度差也就增大，这样一来，空气柱之间的重量差距增大，新鲜空气的循环也更激烈，从而加速燃烧。根据这个结论，不难理解工厂的烟囱建得很高的原因。

　　这个理论其实莱昂纳多已经认识到了，研究人员在他的手稿中发现了他记录的这些现象。当时的他已经认识到了，有火的地方就会有这种空气流，能够支撑并加速燃烧。

54. 火焰自己不会熄灭的原因

　　做化学实验的时候，少不了研究燃烧过程的实验。如果足够细心，你会发现燃烧的火焰自己是不会熄灭的。这是为什么呢？燃烧的产物是二氧化碳和水蒸气，这两种物质都是不燃物质，不支持燃烧。可见，从燃烧物开始燃烧的时候，火焰就会被不燃物质包围，阻碍空气流通，导致火焰熄灭。但事实却是，火焰的的确确不会自行熄灭。因为夹杂着不燃物质的气体被加热，导致升温变轻，被洁净的空气向上挤压，造成它们无法与火焰接触，不会影响燃烧。如果阿基米德定律没有推广到燃气上来的话，燃烧的火焰很快就会熄灭。

55. 水为什么可以灭火

如果不幸发生了火灾该怎么办呢？几乎所有人都会说，用水灭火。这自然是正确的，但是，为什么要用水来灭火呢？

为了让大家了解水是如何灭火的，我们就在这里大致地讲一下，虽然不是什么特别细致的讲解，但还是可以了解这其中的缘由。

第一点，水遇到燃烧物，会被加热变成水蒸气，夺走了许多燃烧物的热量。把沸腾的水变成蒸汽，需要比将同样多的冷水加热到100℃多5倍余的热量。

第二点，水变成蒸汽以后所需要的空间比原本的水大100倍左右，蒸汽会在燃烧物的周围，这样燃烧物的周围空气量大大降低，正因为没有了充足空气，燃烧物便会中止燃烧。

以上是水灭火的原因。有时候若遇到特别情况，人们甚至会在水中混进火药。这听起来很疯狂，却是睿智的选择。火药会很快烧完，发出大量不可燃气体包裹在燃烧体周围，从而阻碍燃烧。

56. 加热的特殊方法

有些人想要用冰来加热冰，有些人想用冰来冷却冰，还有人想用沸水来加热另一份开水。这些听起来不太靠谱的情况究竟可不可以实现呢？

现在我们可以用一些实验来验证这些方法可不可行。我们可以拿一块-20℃的冰，去接触一块-5℃的冰，这样你就会发现第一块冰会变热，而第二块冰就会变冷。

通过上面的实验发现，冰加热冰和冰冷却冰都是可以的。

我们已经证明了一个猜想，还有一个就是用沸水加热沸水了。由于在固定的气压下，沸水的温度是相同的，所以沸水是不能加热沸水的。所以，只有第二种猜想是不可能实现的。

57. 沸水能煮开水吗

让我们来做一个实验，找一个装了水的瓶子，然后我们将这个水瓶放到一个盛有水的锅中，并且要用一个金属圈套住它，不让它触到锅底。现在，当锅里的水沸腾以后，看起来瓶中的水也会跟着沸腾。但是这情况只存在于想象中，不管这样下去多久，瓶子里的水变得很烫，但就是不会沸腾，因为锅中的沸水温度还不足以让瓶子里的水沸腾。

这结果看起来出人意料，但是仔细思考就会发现这是必然结果。想要水沸腾，不仅要把水加热到100℃，还需要有足够的热量积累，即隐藏热量。纯水在100℃时沸腾，但不管怎么继续加热，它的温度也不会再上升。现在的情况是，瓶中水是由锅中水加热的，锅中水相当于热量源，而且只有100℃。它可以将瓶中水也加热到100℃，但是当锅中水和瓶中水温度相同时，两者之间的热量传递终止。这样，瓶中水无法拥有隐藏热量，导致了瓶中的水虽然会被加热，但不会沸腾。

瓶中的水跟锅中的水没有区别，只是隔了一层瓶壁而已。但是为什么瓶中水就不能沸腾呢？

其实正是由于这一层瓶壁，阻碍了瓶中水参加锅中水进行的水流循环，锅中的水可以接触锅底，然而瓶中的水却只能跟锅中水相接触，就是这个原因导致了瓶中的水不能沸腾。

通过以上实验可以得知，沸腾的纯水是不能将水烧开的。不过，若是在锅中撒一把盐，结果就会大不相同，瓶子里的水马上就会沸腾，因为盐水的沸点高于100℃。

58. 雪能用来烧开水吗

今天我们要做的实验是用冷水将水烧开。我们试过用沸水烧开水都没有成功，那么冷水能不能行呢？下面我们就先来做实验，看看究竟能否实现。

现在就用上个实验的小瓶来开始这次的奇怪实验。

向瓶中倒入半瓶水并把它放进沸腾的盐水中。当我们看到小瓶里的水开始沸腾后，把小瓶取出，用塞子塞紧并倒置。这样下来，用不了多长时间瓶子里的水就会停止沸腾，当瓶子里的水安静下来后，用沸水浇它。当然，结果自然并没有什么用。但接下来在瓶底垫上一层雪或是用冷水来浇这个瓶子，这时候就会发生图97中的现象，瓶子里的水又开始沸腾了！

雪居然能做到沸水都做不到的事情——烧开水。

除了这一点，你还会看到别的奇特的现象，那就是瓶子里的水虽然在沸腾，但是瓶子却不会特别烫，只是很温暖。

之所以会产生这种现象，是因为冷水冷却了瓶壁，瓶里面的水蒸气变成为水滴。瓶子里的水沸腾时已经将瓶子里的空气挤了出去，瓶子里的水压很低。液体会在低压的状态以更低的温度沸腾，所以虽然瓶中的水沸腾了，但是水却不烫。

如果我们用的实验瓶子瓶壁很厚，那么瓶子里的水蒸气很可能会弄破瓶子，发生类似于爆炸的现象。外部的空气相比于内部压力大很多会挤坏瓶子。由此看来，"爆炸"一词似乎并不适合这个现象。

为了安全，当我们在做这个实验的时候，最好是用圆形瓶，使空气呈拱形挤压。

当然，如果要使实验更加安全，那么可以使用煤油罐来充当材料。当煤油罐里的水沸腾之后，拧紧罐子并用冷水浇灌，当煤油罐冷却的时候，里面的水蒸气就会转化成水。

与此同时，煤油罐也会变形，就像被锤子砸过（如图98）。

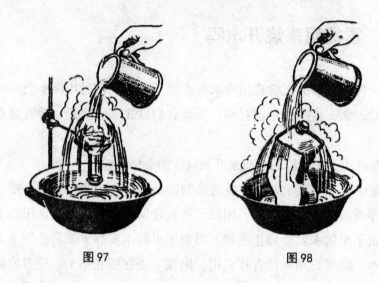

图 97   图 98

59. 热鸡蛋会烫伤手吗

如果你从沸腾的水中捞出一个鸡蛋，这个鸡蛋本应很烫却并不会将手烫伤。这是什么原因呢？

事实上，刚捞出来的鸡蛋表面还残留着一些水，它们蒸发时会冷却鸡蛋壳，所以我们不会感觉到烫手。但高温下水的蒸发相当快，鸡蛋很快就会干燥，此时如果仍然拿着鸡蛋，就会明白它的温度究竟有多高了。

60. 神奇的熨斗

当我们吃饭的时候，假若一个不小心就会把油弄到衣服上，造成困扰。一些有经验的长辈会用熨斗来除去棉质品上的油点。这是什么原理呢？

衣物上的油脂斑点可以用加温的方法清除是因为液体的表层拉力会随着温度的提高而变小。"如果油脂斑点各个部分的温度不同，油脂会从高温的部位向低温的部位移动。如果将加热的铁块贴在布的一面，再贴近另一块棉布，油脂就会向另一块棉布转移。"这一句话，是麦克斯韦在《热量理论》一书中提到的。自然，要想用熨斗去除衣物上的油脂，就应该在衣物的另一面放一块棉布吸收转移的油脂。

61. 从高处可以看多远

当我们站在平地上看向远方时，看到的地方是有局限性的，我们把能看到的最远处的边界线叫作地平线。位于地平线处的建筑物、树木、房子等只能看到高的部分，并不能完全看到。虽然陆地和海洋看起来很平坦，但事实却并非如此，地面也是有凸起的，正是因为这些凸起组成了地球表面的曲线。

那么一个中等个子的人站在平坦的地面上可以看多远呢？

因为身高的限制，他能看到5千米范围内的东西。当然也并非不能看得更远，只是需要站得更高一点儿而已。在平原上骑马，你可以看到6千米远的距离。水手站在20米高的桅杆上，可以看到16千米远。在60米高的灯塔上，可以看到周围海域30千米左右。

相比灯塔，飞行员看到的距离会更远。如果没有云和雾的遮挡，飞行员在1千米的高度可以看到120千米远，在2千米的高度，飞行员可以看见160千米的范围。如果升高到10千米高度上，那么他们就可以看见380千米的范围。

62. 蟊斯是在哪儿发声的

　　这个实验你可以与你的朋友一起做，让他坐在一张椅子上，眼睛看着一个方向，身体不能乱动。之后拿起两个硬币，然后大致以相同的距离围绕着你的朋友敲击硬币，让朋友猜硬币是在哪儿发声的。他会很难成功，在一个角落发出的声音，他可能会猜到正好相反的角落。

　　如果离你的朋友近一点儿，可能就很容易猜出了。他离声音很近，听得自然要清楚许多，猜对也就不足为奇了。

　　实验说明，我们并不能很容易地找到藏在草里的蟊斯，即使我们能够听见蟊斯在我们身边叫，更加确切地说，无论蟊斯在我们周围的哪个地方叫。事实上，蟊斯的叫声只是起到迷惑的作用，当你转了头，你就会对蟊斯的叫声做出错误的判断。你总会认为蟊斯在离你相反的方向，但其实蟊斯根本就没有动。

　　如果你想要找到蟊斯的位置并不难。当你听到叫声后，不要将视线转向声音，而是要与声音的方向相反，这样做才能够找到蟊斯。常言道"竖起耳朵警觉"，此时我们就该像寻找蟊斯一样做出应有的动作。

63. 回声的秘密

　　我们发出的声音反射到障碍物上，弹回来重新到达我们的耳朵时，我们就能听到回声。但并不是每一次回声我们都可以听得清楚，只有发出的声音和回声有一些时间间隔时才可以。若非如此，回声会与发出的声音混合，使声音增强并合一。所以要在空旷的地方才能够听见回声。

　　如果你在距离墙壁33米远的地方拍手，此时回声会用多长时间呢？

声音传过去是33米，传回来也是33米，它经过 $\frac{66}{330}$ 秒钟回来，也就是 $\frac{1}{5}$ 秒。不连贯的声音太短暂，以至于小于 $\frac{1}{5}$ 秒就停止，在回声出现前两个声音没有合流，可以分别听得很清楚。类似于"是"和"不"这样的单音节词，我们大致用 $\frac{1}{5}$ 秒发声，因此听到单音节的回声是在33米以外。如果是双音节的词，回声在这个距离上会与原声重合，回声不清晰，不能单独听到。

那要怎样才能清楚地听到双音节回声呢，例如"加油"、"啊哈"这些词？这些词发声会延续 $\frac{1}{5}$ 秒，在这个时间内声音需要到达间距并返回，那么就需要两倍的间距，即 $\frac{2}{5}$ 秒内 $330 \times \frac{2}{5} = 132$ 米的距离。所以需要66米的距离才能够清楚地听见双音节的回声。

根据这个方法，你就可以计算3个音节、4个音节以及更多音节的回声需要的距离了。

64. 瓶子也可以做乐器

我们经常会看见各种演出中那些豪华的乐器，这些乐器可以发出各种各样的美妙声音。其实只需要用到普通的瓶子，自己也可以做出类似爵士音乐的乐器。

图99就是制作出来的乐器，两根杆子被水平固定在椅子上，杆子上总共挂着16个盛着水的瓶子。第一个瓶子里水是满的，后边瓶子中的水量则按照顺序依次减少。

用一根木棒敲这些瓶子，会听到不同音高的音调，而且这些音调遵循着规律，瓶中水越少，其音调越高。所以我们可以通过调节水的多少，来调节音调的高低。当我们分开两个八度的音，就可以演奏不同的旋律了。

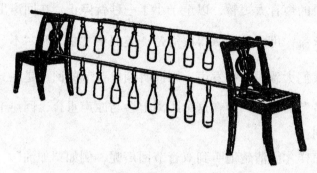

图99

65. 发声的贝壳

把一个大贝壳放到耳边，能够听到一些声音。贝壳为什么会有声音呢？

贝壳本身是一个共振器，我们周边有很多我们听不见的小声音，它却可以将这些声音加强，所以贝壳里会有声音。这种声音和大海的声音非常类似，这让贝壳变得非常神秘，并因此产生了许多传说。

66. 透过手掌也能看见东西

准备一个纸筒，用左手拿着对准我们的左眼，向远处看。同时，右手对着右眼，使它差不多刚好碰到圆筒。调节两个手离眼睛的距离在15至20厘米（图100），此时，右眼透过手掌也可以清楚地看到东西。

这是什么原因呢？

事实上，当我们用左眼通过圆筒看远处的物体时，眼球就会观察远

处的物体。眼睛观察物体，一只观察另外一只
也在观察。

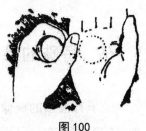

图100

右眼也在观察注视远处的物体，近处的手
掌自然看不清楚。总的来说，就是左眼清晰地
看到了，而你感觉右眼也同样看到了，就好像
透过了前边的手。

67. 双筒望远镜的神奇效果

我们这次来看一看双筒望远镜。当我们用双筒望远镜看远处行驶过
来的船时，望远镜会将它放大两倍。那么在你看来，渐渐向你靠拢的船
速度增加了多少？

我们假设600米以外有一条小船，现在这艘船以5米/秒的速度行驶。
由于在望远镜里增大了两倍，此时船就像是在200米以外。当船行驶了
300米，离观测者还有300米时；望远镜里还有100米。在望远镜下，船行
驶了100米，实际上船行驶了300米。事实上，船在望远镜里行驶的速度
是减慢了的，减慢了两倍。

现在我们就可以知道了，望远镜将物体扩大多少倍，船行驶的速度
就会减慢多少倍，并不像想象中那样会加速。

68. 在前还是在后

生活中有很多东西，有时候我们会分不清前后。

前面指出，有些人想喝冷饮，却将饮料放在冰的上面。而饮料放在冰
的下面才会更好地制冷。其实，就连镜子有些人都不会用，你如果想更加
清楚地看到自己，就需要把灯放在人的身后，而不是照在人的身上。

69. 特殊的绘画方式

镜子有很多的成像方式，但是下面的这个镜中影像非常独特。当你画画的时候，在自己面前的桌子上垂直摆上一面镜子。然后看着前面镜子中自己的手画一个带对角线的长方形。如果你不是很明白，那么你就可以看图101。

图 101

实践过之后才会明白，这样做的话，一个简单的简笔画也不是很好画。实际生活中，我们的眼睛和手是同时工作的，然而由于看着镜子画画时眼睛就和手的动作不一致，导致手的动作发生变化，从而不会按照常态进行。

比如，你想要往左边画一条线，而你的手却可能会往右边画线。如果你想要画复杂一点儿的，当你画完的时候你就会发现，你画了很多乱糟糟的东西。

吸墨纸上有很多图像也是对称的，当你尝试读出吸墨纸上的图像的时候，你可能连一个词都读不出来。因为镜子里的字母和我们生活中的并不一样，所以大多时候我们都是读不清楚的。如果现在你将镜子摆成直角靠近纸张，这时候你就会发现镜子里的字母和我们日常生活习惯所见的一样。此时的图像是对称的，镜子给出的就是普通文字在镜子里的对称影像。

70. 哪个更亮

白天的黑丝绒和夜晚的雪哪个更亮呢？我们大都认为，最黑的东西就是黑暗中的黑丝绒，最白的就是阳光下的白雪了。这两样东西就是黑和白、明与暗的最常用的例子了。但是，用一种物理仪器——光度计测量过后得出了一个结论：阳光下的黑丝绒要比月亮下的雪亮一些。

其中道理自然是有的：黑色不会完全吸收照射的可见光，就算是黑炭和乌银这些我们认为最黑的东西也会对可见光发生1%~2%的漫反射，计作1%。而白雪对可见光的漫反射是100%（并没有这么大）。[1]由于太阳光比月亮光亮40万倍，所以太阳光下的黑丝绒比月亮下的白雪漫反射要亮1 000多倍。这里，我们并不局限于白雪，对于别的白色的东西也是一样，由于太阳光亮度和月亮光亮度之间数量级差得实在太多，所以月光下的白色物体的亮度是不可能比阳光下黑色物体更亮的。

71. 雪为什么是白的

雪为什么是白色的？雪是由透明的冰晶组成的，但是看上去却是白色的。其实不光雪是白色的，透明的物质比如玻璃被磨碎后也是白色的。

当我们用硬的东西刮冰的时候，我们会得到很多白色固体。当太阳光渗入冰粒中，却没有穿透冰粒，而在冰粒与空气的交接处反射回来，

---

[1] 刚下的白雪对于它周边的可见光的漫反射程度只有 80% 左右。

表面对射来的太阳光进行了杂乱无章的漫反射，这时候眼睛就将冰粒看成了白色。

通过上面的分析，我们就可以得知，雪呈现白色是因为它的分散性。如果雪花之间充满水，我们就会发现雪花是透明的了。你可以亲自尝试一下，在一个盒子里面放一些雪花，然后再倒入一些水。此时你就会发现白色的雪花渐渐变得透明。

72. 反光的靴子

我们刷完靴子后，靴子会发亮。然而刷子和鞋油都是不可能发光的，那为什么用刷子和鞋油刷出的鞋子就会发亮呢？

想要明白其中奥妙，就必须要知道光滑抛光的表面和不光滑的磨砂表面的不同之处。"抛光表面光滑而磨砂表面不光滑"这种想法有误，因为完全光滑的表面根本就是不存在的，即使是抛光的表面在显微镜下也不是很平滑。在显微镜下，抛光的表面会放大到100万倍，这时抛光的表面也会像丘陵一样。所以抛光表面和磨砂表面是一样高低不平的，只是粗糙程度不同而已。

如果粗糙度比光线波长短，光线的反射会保持它们在反射之前的角度。这样的表面可以做镜面反射，称之为抛光。如果粗糙度比照在表面的光线波长长，则光线就会发散，发生漫反射，这个面称作磨砂面。

由这我们就可以知道，同一个表面对于一种光线是抛光的，对于另外一种可能就是磨砂的。对于可见光来说，如果平均波长等于半微米，粗糙度小于半微米则表面可以看作抛光。对于波长更长的红外线，也可看作抛光。但是对于短波的紫外线来说，此时就只能看作磨砂。那么现在我们思考一下为什么靴子会发光。当我们没有用鞋油刷靴子的时候靴子表面很粗糙，当在靴子表面刷上一层黑鞋油以后，此时凹凸不平地方就会被盖上，鞋子表面相当于一个抛光的表面，所以可以发亮。

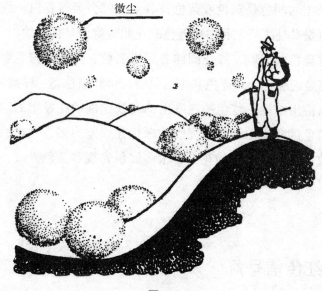

图 102

73. 彩色玻璃后的花

如果我们透过不同的玻璃看花的时候会是什么样子的呢？

我们都知道绿色的玻璃只能让绿色的光线透过，红色的花也只会反射红色的光线。那么，当透过绿色的玻璃去看红色的花时，由于红色花朵反射的红色光被玻璃挡住，根本看不清楚花瓣和别的光线，这时，绿色玻璃后的红色花看上去就是黑色的。

理解通了这一点就不难得知，蓝色的花透过绿色玻璃去看也是黑色的。很著名的物理学家、艺术家和大自然观测家米·尤·比奥特洛夫斯基教授做过类似的实验，并在《物理在夏季的旅行》中做了总结。

"透过红色的玻璃看花，纯红色的花会显现得特别鲜艳，绿色的叶子却是带着金属光的黑色；蓝色的花黑色较深，甚至黑到连叶子都找不到分不清。黄色、玫瑰色、浅紫色的花朵则显得暗淡许多。

"透过绿色的玻璃，会看到一反常态的鲜艳绿叶以及很正常的白色花，但如果花的颜色是黄色或蓝色，看上去就会显得苍白。红色花会变得深黑，而如果是浅紫色和白玫瑰色的花此时就会是褐色的。

　　"透过蓝色的玻璃，红花同样会变成黑色，白花的白色会变得更加鲜艳，黄花是纯黑色，浅蓝色和深蓝色的花会和白色花一样鲜艳。

　　"可以得出结论，红色的花发出的光线比别的花发出的红色光线要多得多，黄色的花发出的红色光线和绿色光线差不多，发出的蓝色光线会少些，玫瑰色和紫红色的花会有很多红色光线和蓝色光线，但发出的绿色光线很少。"

74. 红色信号灯

　　经常开车旅游的话，晚上经常会看到红色的信号灯，但是为什么信号灯是红色的呢？

　　事实上，红色光线的波长比别的光线的波长要长，被悬浮在空气中的粒子漫射的程度要比别的光线要弱一些，因此红色光线的穿透力比其他任何光线都要强，即使离得距离很远，我们也可以看到红光。信号可见度更远是维护交通环境的第一要务，红光符合这个条件。

　　波长长的光线在别的方面也有很多的应用，比如在高透明度的大气中，红外线还可以用来进行天文拍摄。红外线拍出的照片可以更加清楚地看到普通照片中不能发现的细节。并且，红外线可以拍清楚星球的表面层，但是普通照相机只能显示大气层。

　　而且眼睛对红色很敏感，比其他的光线要敏感得多。

第五章

你看到的不一定是真的

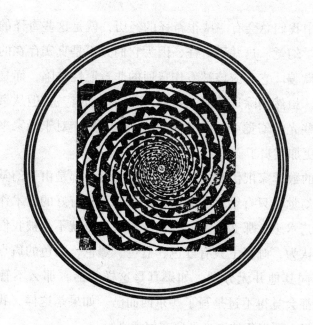

1. 光学幻觉

　　生活中我们总会有一些很奇怪的经历，就是这些奇怪的经历会让我们产生光学幻觉。这并不奇怪，因为它们并不是真实存在的，而更像是一种视觉欺骗。它不应该被看作普通的非意愿性缺陷，而是我们机体的天生毛病。虽然消除这些幻觉对各个方面更加有益，但从事艺术的人们却认为这些光学幻觉可以激发他们的创作灵感。对于画家来说，这些灵感就显得更加宝贵了。

　　著名的数学家俄伊列尔认为，所有的绘画都是由于幻觉的存在，如果没有了幻觉，只有绝对的真理，那么就不会有好的艺术作品了。如果我们没有艺术感，那么画家混合色彩的天赋也就不会被我们所发现了。我们只会认为，画板上只有红色、蓝色、黑色、白色的斑点而已，除了颜色的不同其他并无分别。如果真是这样的话，那么不管画家画了什么，我们都会觉得不过是写了些东西而已。如果是这样，我们可能还要去思考这些五颜六色的斑点到底有何意义。

　　所以幻觉的存在是必要的，让我们可以欣赏到更好的艺术作品。

　　事实上，对于光学幻觉研究的人并不多，所以只有少数光学幻觉有着合理的解释：大多数的光学幻觉都是由于我们眼睛的构造层造成的光晕、盲点、散光的幻觉等。虽然这种幻觉有很多的描述，但是并没有什么准确的结论，无论是在国内还是在国外。

我们这次的实验，虽然不是很专业的实验，但是至少能够通过实验来认识幻觉的产生，让我们可以观测到光学幻觉。

这一次，我们需要用黑色的背景，在黑色的背景上放一些白色的小圆片，每个小圆片的周围再放6个小圆片，紧紧挨着。这时候我们就会产生幻觉，认为这是一个六边形。之所以会产生这样的幻觉，主要就是光区的扩大导致的。白色的小圆片由于光晕扩大了面积，中间的黑色间隙被减小，以至于产生这种幻觉。同样的问题，波里别尔教授在《动物学讲座》一书中也有着他的解释：由于每一个圆片都是被6块同样的纸片包围着的，所以当我们看到的时候，这个纸片就被包围它的纸片包进了六边形里。

如果我们用白色的背景、黑色的纸片，此时这个理论就不足以解释看到的现象了。因为光晕只能减少黑色斑点的大小，并不能改变六边形中的圆形状。你也可以这样理解，当我们看的时候忽略了缝隙的地方，减小了黑白之间的差异，贴近小圆片的6个间隔中的每一个应该用均等粗细的直线连接，小圆片被六边形包裹在里边。

这个解释还可以解释另外一种情况。在特定的距离，白色的部分好像是圆的，外围的黑边像是六边形。只有在离得更远时，六边形的形式才会从花边转变成白色的斑点。这些都是个人的猜想，可能还有很多种猜想。现在还需要证实这些猜想也许就是真实的原因。

很多人都尝试为光产生的幻觉做出解释，也有很多人为此做各种各样的实验。即便如此，有些光学幻觉到现在也没有合理的解释。但是对于某些其他现象，又实在是有太多的解释。这些观点中的每一个单独观点都足够解释，然而又存在着一些其他观点减弱了这个解释的说服力。早在柏拉图时期，地平线上太阳变大这一幻象就已经有人开始讨论，甚至有不少于6种的成功理论。这些成功理论，每一个都只有一个缺点，那就是其他的成功理论同样完美。可见，光学幻觉的各个领域都还在自己发展，并没有确立基本的研究方法和一些原则。

现在对于光学幻觉还没有准确的理论依据，所以对我个人来说，我更倾向展示一些光学幻觉现象，而不去追究产生光学幻觉的原因。所以我把注意力都放在了观察光学幻觉的现象上了。当然，肖像幻觉的解释我会在最后放出，因为在现在看来它的确无可争辩，无法用那些迷信的观念来反驳。

当然，生活中的很多实际情况会让我们感受到光学幻觉，其实发生这一切的原因就在于我们眼睛的结构。

由于眼睛本身的特点，我们的眼睛会发生盲点、光晕、散光等很多不同的情况（见图103至图110）。盲点实验中可以发现部分视野的丢失，用18世纪马里奥特曾做过的相同方式也能做到，并且效果令人震惊。

"我指定了一个人，"马里奥特说，"黑暗中，在眼前的水平方向放一张白纸片，然后将另外一张放在第一张的侧面，距离右边大约2英尺（1英尺≈0.3048米），第二张纸要放得低一点，此时影像就会到我右眼的光学神经上，我们也可以认为现在我的左眼是眯着的。然后，我开始远离第一张纸片，与此同时不让纸片离开我的右眼视线。当我距离第一张纸大约9英尺时，第二张纸片我就完全看不见了。这儿的重点不在于第二张纸，换成别的比它更侧面的物品也是一样的。"

这种生理的视觉欺骗有非常多的幻觉类别，因为幻觉类别以心理原因为条件，而心理因素很大一部分又是没有办法解释的。这就能够看出，被设置的幻觉是先入为主的假判断和无意识后果造成的，欺骗的源头是智力而不是感觉。康德机智的话说得就很有道理："我们的感觉不会欺骗我们不是因为它们通常做出正确判断，而是因为它们根本不做判断。"

2. 关于光晕的知识

现在我们从远处观察图103的图画，当我们观察的时候我们就会感觉白色部分的图形总要比黑色部分的大。而事实上，它们的大小是相同的。而且这里还有一个规律，那就是如果我们离图形越远，这种错觉就会越强烈。其实这种现象，就是我们所说的光晕。

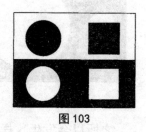

图 103

3. 光晕的进一步探究

现在我们还是来观察图104中的图形。我们还是从一个远距离的位置观察，这时候我们总会感觉左边部分好像更接近中央。其实发生这样的错觉并不奇怪，因为光晕的作用，我们眼睛的视网膜看到的光源并不是一个点，而是一块。当光源表面与视网膜表面接触的时候，黑色的表面就能够减少光源与周围背景的接触，我们就会产生错觉了。

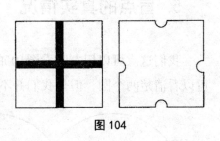

图 104

4. 关于马里奥特的实验

现在我们用左眼看图105右上方的十字架，要求是我们要闭上右眼然后离图20~25厘米的距离。当我们看的时候，只能看清楚旁边的两个小圆块，而看不到中间的大圆块。我们在同样的情况下，看下面的一个十字架，那么我们还能看到一部分中间的大圆块。

图 105

之所以会发生这样的情况，就是因为在一个特定的位置上，我们的眼睛是没有看到圆形的图像的，眼睛对光源并没有感觉，这就是我们所说的盲点。

5. 盲点的真实情况

我们这次可以用左眼看图106的交叉点，这时候我们就会发现，我们可以看清楚两个圆，但是我们并不能完整地看清楚黑色的圆块。

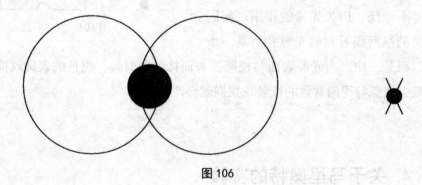

图 106

6. 什么是散光

这次实验，我们用一只眼睛看图107的图像。虽然字母都是同样黑的，但是我们总是感觉有些字母会比其他的字母更黑。如果我们将这些字母旋转一个直角，可能我们就会认为另外一个字母显得更黑了。

图 107

这种情况就是我们所说的散光，即眼睛在不同方向上的角状凸起。

7. 散光的研究

现在我们观察图108，我们会看到另外一种散光的幻觉。我们同样闭上一只眼睛，然后用另外一只眼睛观察靠近的图形，这时候我们就会认为或者会发现两个对着的扇形颜色更深一些，而另外的两个出现褐色。

图 108

现在我们来观察图109的右边和左边。你就会认为图中眼睛会从一个方向转到另外一个方向。

这种现象并不难解释，因为我们的眼睛会保存视觉印象。这是很正常的，当我们看到一个物体的时候，我们的眼睛就会保存这些图像。

当你看图110中的白色正方形的时候，过一会儿，你就会发现你看不到下面的白线了。

图 109   图 110

8. 不可思议的幻觉

观察图111中的图像，你会发现线段BC要比线段AB长，但是事实上两段线段是一样长的。

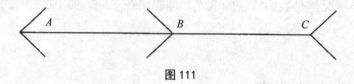

图 111

上述错觉的另一种改变形式：垂直的线a似乎比实际与它相等的线b短（图112）。

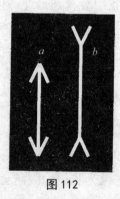

图 112

图113中也是一样的道理，即使两只船的长度是一样的，我们也会感觉右边的甲板比左边要短。

图 113

图114中也是同样的道理，即使是相等的距离，我们的眼睛也总是会看到不同的长度。

图 114

图115中也有同样的情况会出现。

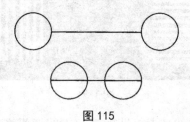

图 115

图116中下面的椭圆形似乎比里面的上椭圆形大一些，尽管它们是一样大小的（受环境影响）。

图117中相等的距离AB、CD和EF似乎看起来不相等（受环境的影响）。

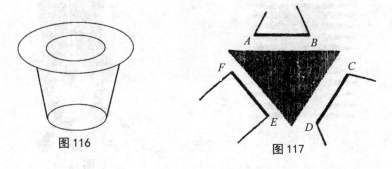

图 116

图 117

在图118中，我们也有同样的感觉。即使箭头同样长，但是我们还会感觉直线不一样长。

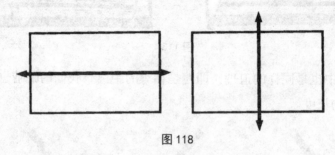

图 118

图119中图形A和图形B是相等的方形，尽管第一个图形看起来比第二个高一些。

图 119

图120中也有类似的情况，明明看起来图形要高一些，但是图形的长和宽是相等的。

图121中也是这种情况，我们总认为帽子中的圆柱体的高度很高，但是真实的情况确实长和宽是相等的。

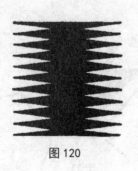

图 120

图 121

图122中线段AB与AC的长度相等，尽管看似AB长于AC。

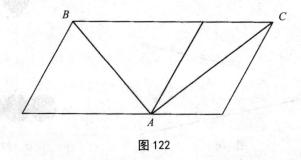

图122

图123中的线段也有类似的特性。

图124中，如果我们用眼睛看，那么我们就会觉得上下的长度是不一样的，总认为上面的长度会更长，而事实上，它们也是一样长的。

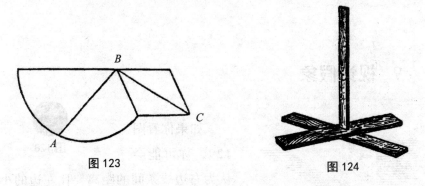

图123　　　　　　　　　　**图124**

图125中M、N两点间的距离和A、B间的距离也有类似的特性。

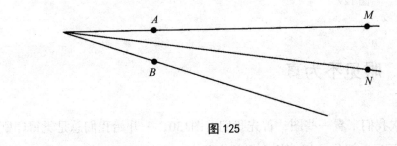

图125

如果你不经意地看到图126，你一定会认为右边的圆要更小一些，但是这也不是事实，事实上两个圆的大小是相等的。

图127中A、B间的距离看起来要小于与其实际长度相等的C、D间的距离，而且我们离的距离越远，这种错觉就会加大。

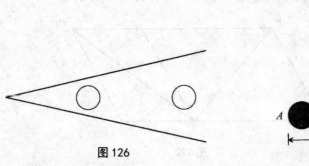

图126

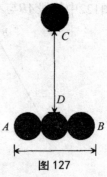

图127

图128也会产生类似的错觉，两个圆外侧之间的距离要小于它们分别与下面的圆的空白之间的距离，而实际上，两个距离是相等的。

9. 视觉假象

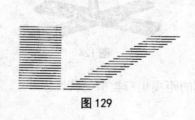

图129

如果你看图129，你可能会

图128

认为右边线条间的距离要比左边的小。其实，两边线条间的距离是相等的。

10. 眼见不为真

这次我们来看一些图，首先我们看图130，一开始我们总是觉得印刷字的上下两个部分是相等的。但是实际上，字的上部分和下部分并不相等。你可以将书本倒过来，这样就很容易发现了。

我们可以观察图131中的两个三角形的高，你会觉得上边的三角形的高更长一些，但是，实际上两个三角形的高也是相等的。

图 130

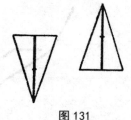

图 131

11. 鲍金达拉夫假象

当你一看到图132时，你会认为图中的黑白条纹好像被折断了，但是这仅仅是一个视觉的假象而已，称为鲍金达拉夫假象。

现在我们将图133中右边两条弧线延伸，然后与左边的两条弧线相连，你总会认为左边弧线在上方。其实左边和右边的线没有什么分别的。

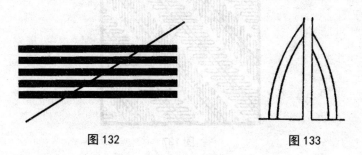

图 132   图 133

图134中的点C本该在直线AB的延长线上的，但是现在我们却认为点C位于该直线下方。

图135中本来是两个相同的图形，我们总会认为下方的图形更宽些。

图136中这些线条的中间

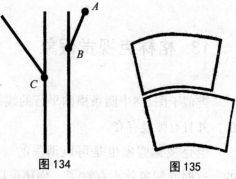

图 134   图 135

部分看上去是相互不平行的，而实际上它们是绝对平行的。

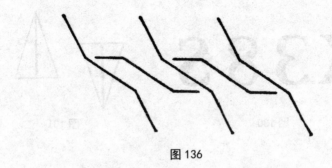

图 136

12. 泽尔尼拉视觉假象

图137中长条斜线是完全平行的，然而看上去它们却并非如此。

图 137

13. 格林克视觉假象

类似于图138中两条横向平行的线，此时你却会认为线的中间是凸起的，并且有弧度存在。

但是视觉假象也是可以消失的。将图形水平放置，和视线是水平的，这时候假象就不存在了，你还可以在图中用铅笔随便点，然后你的注意力要集中在你画的点，这样你也可以消除假象。

图 138

图139中，下方的弧形看上去比上方的弧形要凸出而且要短，但实际上它们的弧度与长短都是一样的。

图140中，三角形的三条边看上去是向中间凹陷的，但实际上它们都是平的。

图 139　　　　　　　　　　图 140

图141中的字母实际上是竖直摆放的。

图 141

　　图142中的曲线在我们的眼中是螺旋状的，而事实上，是呈环绕状的。这点我们可以很容易就知道的，你可以用削好的铅笔沿着图中的曲线走，这样你就会明白。

图 142

　　当你认为图143中是椭圆的时候，你可以用圆规来证实一下。你会发现它就是个圆。

图 143

　　在图144中，我们也可以发现黑色背景中放的白色的圆形组成了六边形。

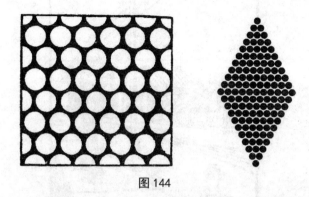

图 144

如果我们仔细地观察图145，我们能够看到女人的眼睛和鼻子。这张图其实是将相片放大了10倍后得到的。

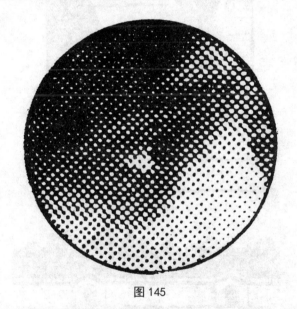

图 145

当我们遇到像图146中的情况的时候，我们总会认为人物上方的侧影比下面的侧影长，事实上，上下的侧影是一样长的。

如果将图147中的球放入那么大的盒子中，我们肯定认为是可以放进去的。但是事实却是，球的直径要比AB到CD的距离大。

图148也有一样的视觉错觉，我们总会认为AC的距离要小于AB的距离，但是两者之间的距离是一样的。

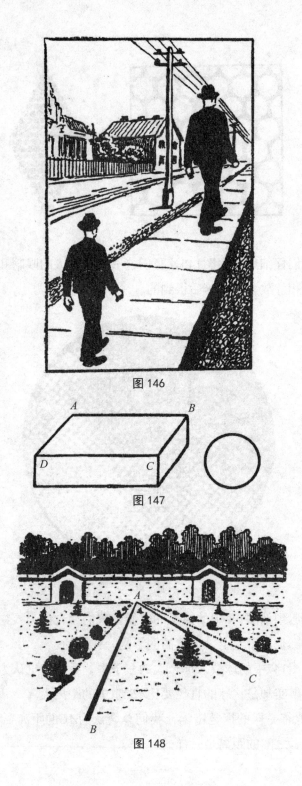

图 146

图 147

图 148

当我们看到图149的时候，我们将左图放到视线的水平的位置，此时就会出现右图的效果了。

图 149

接下来闭上一只眼睛，然后近距离地观察图150中直线延长的交叉点，这时候你就会看到纸上有很多类似于火柴棒的东西。如果此时你动一下纸，你会发现火柴棍也在动。

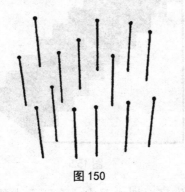

图 150

下面我们来观察图151，长时间看图中的图形，此时，我们会感觉两个立方体的图形时而出现在上面，时而出现在下面。这时候你可以发挥想象力，将图形随意组合。

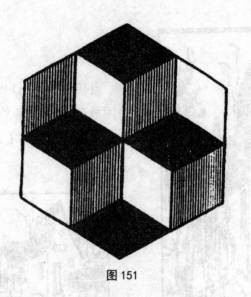

图 151

下面我们来观察图152，我们可以从这幅图中看到三幅图画。可以看到楼梯，也可以看到壁槽，还可以看到纸带。你看到的这些东西不是一成不变的，它们或是不由自主地出现在你的视线中，或是随着你的意愿变化。

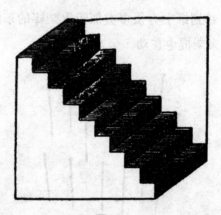

图 152

下面看图153。你可以把它看成一个凹下去的方木，也可以看成一个凸出的木栓，还可以看成一个向下拉的空抽屉，内壁上粘着一个小木块。

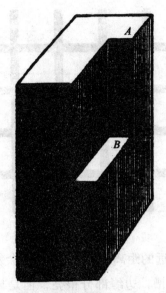

图 153

下面我们来看看图154，你会发现白色条纹带的交叉点有时候你可以看见有时候你却看不见，你会发现它们很像黄色闪光的斑点。事实上，条纹全是白色的。我们也可以通过一个简单的方法证明这个观点。如果用纸挡住一些黑色的方格，你就会清楚了。

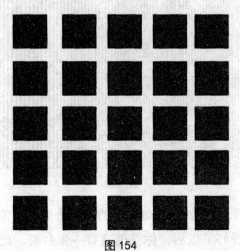

图 154

图155和图154类似，只是这幅图中是黑色条纹闪着白色的斑点。

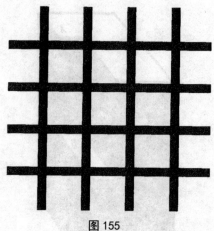

图 155

如果你在一个相对远的距离观察图156，你会发现你可以看见四条条纹带，条纹带有点像凹槽，边缘部分很亮，但是与边缘相邻的条纹就很暗。事实上每个条纹带的亮度都是一样的。

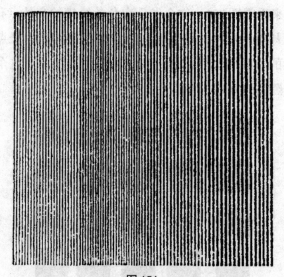

图 156

现在你可以看图157。图中是牛顿的一个肖像，肖像有暗的部分也有亮的部分。当你看好了以后，你就迅速看一张白纸。此时，暗的部分就会变成亮的部分，和原图正好相反。

图 157

14. 汤姆斯·西里瓦卢斯的幻象

　　观察图158，旋转它的话，图中所有的圆以及白色齿轮都好像旋转起来了，并且它们都在以自身为中心转动，有自己的速度和方向。

图 158

　　图159的左图中可以看见一个向上凸起的十字交叉图形，而在右图中可以看到一个向下凹陷的十字交叉图形。但是反转图片，则会发现两个图形交换了位置。实际上，左右两图是完全一样的，只是扭曲的角度不同。

图 159

　　观察图160。你把这张图放到一个相对远的距离，大概10厘米左右，你就会发现图像有深有浅了。

图 160

　　我们看到的景物和在相机里的是相同的。印象派写生就是这样的。

　　下面我们来用同样的方法观察图161。你会发现景色很不错，和真的景色差不多，水还在泛着波光。

图 161

　　如果你仔细地观察图162，你就会发现图中人的眼睛好像一直在看着你，并且他的手也指着你，无论你从什么角度看，都是这种情况。

图 162

　　肖像一直以来都是很珍贵的艺术品，有很多名人都有属于自己的肖像。这也让我们普通人对肖像充满了好奇。无论你从什么方向看，你总是感觉肖像在看着你。

如果你的精神状态不是很好，那么你就可能因为这些肖像而吓到一些人。正是因为这样，我们经常会听到很多关于这个的迷信。

其实，这个道理是很简单的。因为产生这种错觉不一定是在肖像画中，在别的东西中我们也可能会有这样的感觉。当我们拍大炮的时候，你就会发现大炮的头总是对着我们的，无论你朝着那个方向。

其实这些现象的道理很简单，对于平面图形来说也是很正常的，但是如果在实际生活中，只有我们真的在大炮口或者人物的眼前才会有这种感觉。这种感觉之所以会出现，很重要的一点就是因为当我们欣赏画的时候，我们更多的是看到画里的景物，而不是画的本身。所以我们会觉得物体改变了位置而不是我们自身。

现在我们来仔细观察一下肖像画。此时，如果画中的人物的脸是正对着我们的（如图162），并且画中人物的双眼正好看着我们，当我们换一个位置的时候，我们再看肖像中人物的脸，位置还是没有变化的。其实现实中的人物，从旁边观察本来是另一个样子，当他转向我们时才可以出现原来的样子。如果一个画师的画工很深厚的话，将会带来巨大的艺术效果。

所以，通过以上几个事件我们就可以知道，我们看到的效果并没有什么特别之处。如果我们从侧面看肖像却可以看见肖像的侧脸，那才是真的奇迹。